Enjoy是欣賞、享受，
以及樂在其中的一種生活態度。

化妝品達人
LESSON1

品牌沒有告訴你的事

20年化妝品配方權威　張麗卿 著

推薦序／蔡新中

署立台中醫院外科主任／前陽明・國防醫學院臨床講師／前台北榮民總醫院整形外科主治醫師／前台中榮民總醫院整形外科主治醫師／中華民國外科專科醫師／中華民國整形外科專科醫師／中華民國手外科專科醫師／中華民國高壓暨海底醫學會專科醫師／中華民國美容外科醫學會會員／中華民國燒傷學會會員／國防醫學院醫學系／國立中興大學EMBA（企管）碩士

　　身為整形外科專科醫師的一員，我在醫學美容的涉獵已經十幾年。經常往來於國外參加整形外科，美容外科的醫學會議，深深注意到國內美容保養知識的不足，一直到遇到了張老師。

　　很感謝這次有機會為她的新書寫序，接下這個任務時，我誠惶誠恐。走在整形外科的路上，張老師與我是亦師亦友，我專攻於整形外科的技術精進，她則帶領我進入病人保養問題的領域，讓我嫻熟於整形外科的兩大主軸，而悠遊於整型醫學的畛域。

　　我上過張老師化妝品配方實驗的課程，她教學認真、實事求是。她鑽研保養品十幾年，除了理論外，更有許多實證資料，她一一將之整理成書問世，以供後人參酌。她堅持著「No magic，only basic」的理念

，保養必始於基礎課程的學習，扎實的基本功對我影響深遠。

張老師以往的書籍從「學理」，到保養品的有效成分剖析，屬於基礎的課程學習。在緊接著的《化妝品達人》此一系列的書籍，不但適合普羅大眾閱讀，就是美容界的從業人員亦可自其章節中汲取實務經驗，進一步的了解客戶的需求,以幫助更多的客戶。《化妝品達人LESSON1——品牌沒有告訴你的事》這本書是一些實用的話題及較為實際的作法。針對一些新的發燒話題做闡述（如男性保養品、網路購置、醫學美容等）。

「Hope in the bottle」對男女兩性而言，盛裝於化妝品或保養品瓶罐中的是許多明日形象會變得更美好的希望。張老師運用淺顯易懂的字眼，引領人在選擇瓶瓶希望時，亦能兼顧其安全性、有效性。

張老師的專書還有一大特色，就是與時代同步，所以當今全球熱門的話題，諸如有機認證保養品、全球暖化與皮膚保養的關係……皆含括在內，而在保養迷思話題上談到，泡澡的注意事項，準新娘結婚前一個月的保養順序，創造裸肩露背的好條件，期盼讀者們能自本書中汲取所需知能，讓自己一日比一日變得更加美好。

推薦序／蔡憶慈

蘋果日報副總編輯

　　美容編輯，撇開寫稿、拍照等辛苦面來說，工作也有令人欣羨的一面：記者會總是穿梭在美輪美奐的五星級飯店與最新、最炫的咖啡廳間，更可比一般人獲得更新、更多的產品和資訊，久而久之好像也變成美容通。不過，我們知道的都是對的嗎？尤其當這些餵養美容編輯的養分，全來自廠商時……

　　認識張麗卿老師，是從閱讀她的著作開始，2001年初接觸她的《化妝品好壞知多少？》一書，有一種「當頭棒喝」的痛快感，很多懵懂無知的觀念豁然開朗。趕緊回頭尋找她已出版的書，我想很多美容編輯都有相同的經驗吧！

　　2003年「蘋果日報」創報，有機會與張麗卿老師做採訪，每個月總

有好幾次要送上十幾二十項的產品全成分勞煩老師評比推薦，這個實用的單元受歡迎，張老師功不可沒，因為她的嚴謹，即便受到未被推薦廠商抗議，仍堅持說真話的態度，受到大家的敬重。當然她對做學問的態度更是令人佩服，即使是老生常談的話題，張老師也會不斷修正與加入新資料，我想作為她的學生一定很幸福，因為絕不會有「萬年講義」這種事發生。

媒體是大部分人獲得新資訊的主要來源，為了吸引更多讀者的眼光，它必須要持續不斷的創造新鮮話題，但受限於大環境置入性行銷問題嚴重，加上資訊來源過於單一，產生很多似是而非的見解。

張麗卿老師的這本書，搜羅了不少目前當紅的話題，並且都有她深入淺出、提綱挈領的專業見解：例如越來越受歡迎的有機保養品背後的意涵是什麼、天然的是不是真的最好，以及越來越多打著醫學美容大旗又很貴的產品是不是真的比較有效？讀者都可以從中看到媒體上少見的真心話。另外還有不少保養迷思的破解：像大家最愛的敷臉怎麼聰明敷、泡澡怎麼省錢有效的泡、在不同的溫濕度環境下如何保濕選粉底……內容不但非常實用，而且不會出現其實是為了鼓吹買產品的行銷包裝。

閱讀這本書，不但能讓讀者的保養功力大大加分，也不會再被假專家、半吊子達人或其實是廣告的偽裝報導牽著鼻子走。值得關注美容議題的人放在書架上，有需要時隨時翻閱，套上網路用語：值得大力的推。

推薦序／張綾玲

Marie Claire《美麗佳人雜誌》國際中文版總編輯／美麗佳人國際美妝大獎評審

　　作為專業美容編輯十餘年，張老師一直是我個人深感欽佩的專業人士之一。

　　從美妝成分的鑽研，到對教育研究的孜孜不倦，乃至於持續嚴守客觀立場，直言與敢言，在這一切講究公關操作、行銷包裝，商業化氣息濃厚的化妝品界，顯得格外與眾不同。自然，成了媒體從業人員所諮詢與採訪的重要對象。

　　過去，當我是個執筆撰文的美容編輯時，藉由採訪張老師，得以一窺美妝品成分之堂奧，學習從另種觀點反思化妝品業者所鼓吹的特定論調；而後，作為《美麗佳人》雜誌的總編輯，我仰賴張老師的專業，為雜誌內美容報導提供更清楚明確的透析，以期協助讀者在當今資訊如此

多元卻又紊亂的市場裡，能更輕鬆準確分辨出什麼才是最適合自己需求的產品。

而此刻，你手中的這一本書──《化妝品達人LESSON 1──品牌沒有告訴你的事》，則可說是所有渴望探究美妝保養產品熱門話題者，化妝台上絕對必備的一本書。以各式新奇話題出發，從現象的陳述到專業的解析，囊括近期最為熱門的美容醫學、有機認證、奈米金屬、胜肽、生長因子與抗環境污染等，另一方面，羅列了16個保養迷思，進一步提供專家提醒與產品建議。周全而完整的資訊與知識，得以一次飽覽，遠勝過以往零星而片段的採訪披露。

坦白說，我個人著實獲益良多，更願意推薦給所有有志成為化妝品達人，或做個耳聰目明消費者的女性或男性，這將是你擺脫盲目盲從、人云亦云的關鍵必備好書。

推薦序／盧介華

巴黎《費加洛雜誌》副總編輯暨美容總監
從事化妝品相關資訊報導十餘年，期間多次赴歐美日等各國採訪許多國際知名化妝品品牌總部及工廠，也曾先後轉進日系及歐系化妝品公司服務，從不同角度觀察體會化妝品產業生態。

　　認識張麗卿老師許多年，張老師的形象始終公正客觀。在化妝品業這個高度商業化的圈子裡，張老師始終忠於專業，不隨商業節奏擺動，也不隨市場吆喝起舞，

　　這樣的勤懇執著態度，一直令我嘆服。

　　認識張老師之前，我原是她的讀者。那是將近十年前，我已有數年採訪化妝品行業相關新聞的經驗，卻一直深感台灣在這個領域的產、學、商、皮膚科醫學界，以及媒體之間，缺乏有效連結。市場上充滿似是而非的行銷語言，缺乏更科學的論述及精確的分析判斷。嚴格說來，

那時懂得化妝品的皮膚科醫師也少得可憐。當時張老師出版的《化妝品的真相》剛好解了我許多困惑，自此，張老師成了我工作上經常採訪及專業上請益的對象。

多年來，張老師不斷在專業上耕耘，而化妝品的言論市場也愈來愈熱鬧，許多達人專家相繼出現，形貌專長各有不同，但張老師始終堅持專業，在喧鬧花稍的言論市場上，抒發客觀之論，良心之言。尤其這些年來，隨著與廠商及媒體互動經驗的累積，張老師筆下內容更見生動豐富，評比產品之餘，兼而針砭媒體或廠商的某些過當做法，這種不平則鳴的做法與性格，有時還真難與張老師本人的溫婉秀氣產生聯想。

作為張老師長期讀者，張老師的著作，一直是我工作上的案頭參考書。而一路跟著張老師的作品讀下來，我也發現，張老師的說理愈見清晰明快，並且緊扣當下市場的現象與發展，內容更輕鬆實用，筆鋒卻更精準犀利。我想，應該有不少化妝品廠商看了緊張，而讀者看了跟我一樣拍案叫好吧！

自序

2003年之後，進修、家庭、工作多頭忙，暫停寫生活保養類作品達四年之久。直到近兩年轉專任教職為兼任，多了點時間的主控權，也多了點時間檢視自己與觀察大環境的變化。

今年，我在大學的通識課程裡開了一門「認識化妝品」的課，在課堂上遭學生當眾質疑我「說的跟其他明星專家不一樣，到底誰說的對？」真是毫不給情面的提問。我不傷心，而是感慨。化妝品界二十年，我這塊金字招牌，竟淪落到被年輕一族新世代的大學生，拿來跟明星教主女王等名號者的言論相比。

在台灣，化妝品公司、化妝品教師、皮膚科醫師、專研化妝品科學者，誰不知道張老師。但當我與這些當紅保養品專家、保養暢銷書明星作家相遇同台時，遞上名片，他們還是「沒聽過」我這個人呢。想來這

些專家是無師自通，保養概念自創一格，閱聽大眾卻都信以為真的照著學呢！

我深切的感悟到：心急、焦慮、言詞撻伐保養品資訊錯亂變相是沒有用的。如果我不能在閱聽大眾的心中「卡位」，佔有一定的分量，說得再多、再正確、再用力，也影響不了人。

於是，懷著一股熱情與傻勁，開始「化妝品達人系列」的寫書計畫。

於是，我審慎的思考，必須主動積極地找到我信得過、能助我一臂之力的出版社來推廣。

於是，我首度鄭重邀請術德兼備的台中醫院外科主任（蔡新中醫師）與三位資深媒體記者（「蘋果日報」蔡憶慈、《費加洛雜誌》美容總監盧介華與《美麗佳人》總編輯張綾玲），在這本書出版前優先看到書稿，並藉著四位推薦人的筆，為我與這本書做最真切的引言。打破過去十本著作未央求人寫推薦文的堅持。

我的改變，目的很明白。不論是推薦文、商品贈送、行銷宣傳、媒體曝光、公開演講……都是為了能在大眾的心裡卡位佔分量。唯有透過積極的行動力，大眾認知的化妝品概念，才有撥亂反正的機會。

我不孤獨，即使下筆犀利得像審判，都會因為所言不假，不偏不倚

而自重人重。

　　我不妥協，寫書是一件辛苦的工程，但懷抱歡喜心，就能甘之如飴。只要出版社願意相挺出書，仍會堅定地在未來的日子，繼續完成「化妝品達人系列LESSON1 2 3 4 5」全系列套書。

張麗卿　於2007.9.17.

導讀

　　「化妝品達人系列」的推出，旨在透過專業人的協助，提升讀者對化妝品的正確認知，進而自我養成能幫助自己的化妝品達人。

　　《化妝品達人LESSON1——品牌沒有告訴你的事》，以愛美人士最關心的話題、美容媒體最常採訪的主題、品牌最發燒炒作的議題等，為本書的單元子題。並將每個子題，分以PHENOMENON（熱門現象），RISING（認知提升），SEEING IS BELIEVING（以圖為證），EXPERT REMINDS（達人叮嚀），四個階段來呈現其相扣性。內容直擊品牌該說而沒有說的保養品真相，讓有心窺探化妝品真實面貌者，能透過本書的引導輕鬆洞悉。

　　書中蒐羅了九個當前最發燒話題、解析七個你最在意的保養疑慮、三個針對季節性的精準保養概念、四個談論身體的精準保養以及兩個關於頭髮的精準保養，全方位的照顧到讀者從頭到腳的保養須知。

【推薦序】蔡新中...005

【推薦序】蔡憶慈...007

【推薦序】張綾玲...009

【推薦序】盧介華...011

自序...013

導讀...017

part 1　新奇話題追追追

天然ㄟ尚好～有機認證的保養品...............................026

有機化妝品的認證標準...027

不要被有機認證給矇騙...028

天然不等於有機，有機不等於最好...................................029

有機認證標章導覽...029

實惠、方便、聰明購～網路化妝品...............................031

名人研發、監製的光環底下...032

網路品牌很便宜？小心還是沒有撿到便宜.......................033

網路品牌很便宜？你能理解的內情有限...........................034

一樣的活性成分，護膚價值差異大...................................035

就算使用相同原料，加了多少還是個謎...........................035

好還要更好～醫學美容保養品（假象版）...................038

有醫師或藥局的地方，就有賣醫學美容保養品？...........039

檢視你所認識的醫學美容保養品.......................................040

醫學美容保養品的基本要件之一..041

醫學美容保養品的基本要件之二..042

醫學美容保養品的基本要件之三..043

好還要更好～醫學美容保養品（願景版）................046

醫學美容保養品，新定位..047

拒絕拿「醫學美容」當包裝紙的保養品................................048

Only for man～男性專屬保養品..051

醜男的癥結～先天不良，後天失調................................052

熟男的優勢～不長斑，彈性佳..053

醜男如何為面子加分？..053

熟男如何為面子加分？..054

不只穿戴，還可吃、擦～奈米金屬保養品................056

奈米金與黃金箔的差異..057

奈米白金與奈米黃金，孰優？..058

奈米銀，最好的殺菌劑替代物..059

21世紀的生技依賴～胜肽、生長因子................061

胜肽是什麼？打哪來？做什麼用？................................062

保養品用的是什麼胜肽？打哪來？做什麼用？................063

生長因子是什麼？打哪來？做什麼用？................064

生長因子的問題與展望..066

全球暖化，肌膚醜化～抵禦環境的護膚新概念................069

全球暖化，與皮膚保養有關？................................070

全球暖化，保養三部曲之一..071

全球暖化，保養三部曲之二..071

全球暖化，保養三部曲之三..073

全球暖化，更該加強保濕？.......................073

頭髮的彩妝師～解讀染髮乾坤，保障染髮安全.........075
為什麼那麼多染髮劑要用PPD？.......................076
如何避免用到含PPD的染髮劑？.......................077
植物性染髮劑，還是有PPD？.......................078
安全措施做對了，才有意義.......................079

part 2　你最在意的保養疑慮

就是愛無防腐劑化妝品？掌握不含防腐劑的10大要件.................082
防腐劑、防霉劑、抗菌劑、殺菌劑，不同嗎？.......................083
為什麼一定要加防腐劑？.......................084
真的有品牌不用防腐劑？.......................085
如何降低防腐劑的傷害？.......................086

我想天天敷面膜？敷臉，效益比勤快重要...........088
敷臉，其實很簡單？.......................089
面膜，為何要天天敷？.......................090
做對敷臉配套，就不必天天忙敷臉.......................091
怎麼敷，效果最好？.......................092

如橡皮擦般的去角質凝膠？賠上肌膚健康的魔術表演...................094
屑屑不是角質，你也可以變同樣的魔術.......................095
用或不用？注意凝膠的酸鹼值.......................096
搓屑型凝膠，使用後皮膚滑順不乾澀，超優？.......................097
就是超愛用，那該怎麼避免傷害？.......................098

膚質糟透了怎麼辦？七分靠清潔，三分靠保養.......................100
不要以為已經很會洗臉了！.......................101

臉沒洗乾淨，會長粉刺？.....................................102
另一種你忽略的清潔關鍵......................................103

化妝傷皮膚？都是粉底惹的禍...................105
好用粉底液的風險迷思.....................................106
寶貝肌膚，依場合需求選粉...............................107
護膚與化妝，須完美銜接...................................108

化妝水可有可無？一瓶搞定的有效保養.................112
化妝水的配方最單純..113
保濕化妝水的價值...114
化妝水的另類價值...116
對化妝水的錯誤依賴..116

準新娘該做臉保養嗎？只與預算、意願有關.........119
第一個星期做什麼？..120
第二個星期做什麼？..122
第三個星期做什麼？..123
第四個星期做什麼？..124
倒數計時48小時做什麼？....................................124

part 3 季節性的精準保養

酷熱保養有困難？做個有質感的夏日美女...........128
從習慣中了解「保濕與否」的需求.......................129
夏天該怎麼保濕？...130
外油內乾型肌膚的保濕之路...............................131
如何成就夏天的好膚質？...................................133

秋冬保濕大不易？擺脫乾燥花有訣竅.................135

先掌握氣候濕度，再開始保養化妝.................................136

選對保濕產品.................................137

低濕度、日夜溫差大的上妝法.................................138

高濕度、日夜溫差大的上妝法.................................139

身體保濕，趁洗澡完在浴室完成.................................139

秋冬一定要用護手霜嗎？用得巧比用得勤有效.................................142

為什麼玉手總在秋冬顯不適？.................................143

怎麼選擇護手霜？.................................144

part 4 身體的精準保養

背部保養有撇步？創造裸肩露背的好條件.................................148

從正確的洗澡開始.................................149

有的人很懶不洗澡，為什麼背也不會長痘痘呢？.................................150

終結背部粉刺.................................150

背部的痘疤、暗沈、毛孔粗大怎麼辦？.................................151

背部需要擦乳液、化妝水與防曬品嗎？.................................152

你是泡澡，還是洗澡？洗、泡一次完成不恰當.................................154

要泡澡？還是洗澡？.................................155

不沖掉，就有風險的泡泡浴品.................................156

再次沖洗，護膚成分全流失了嗎？.................................157

泡澡後可以不沖洗的產品.................................158

勤泡澡就會美？純泡湯心情美，用對料身體美.................................160

泡澡，一定得加料嗎？.................................161

來個有目的的泡澡.................................162

泡澡料，怎麼選？加多少？.................................163

除穢泡澡重效果..165

不需要泡澡桶的泡澡？乾泡排毒，夏天好選擇..............167
什麼是乾泡法？..168
乾泡法的優點？..169
有專門乾泡用的產品？..170
皮膚真的需要經常排毒嗎？....................................171

part 5　頭髮的精準保養

為什麼頭越洗越癢？拚命洗，不如正確洗....................176
洗髮、潤髮與護髮，意思大不相同..............................177
你的洗髮、潤髮習慣都正確嗎？................................178
矽靈的問題在哪裡？..179
怎麼看待潤、護髮產品？......................................180

選對髮品擁有漂亮髮質？醜小鴨變天鵝，羽毛是換新的..........182
髮質能經由髮品改變多少？....................................183
如何選購居家用髮品？..184
護髮可以挽救髮質嗎？..185
頭髮燙壞、染壞了，護髮多久可回復？..........................186

附錄：還有哪些你關心的事，品牌忘了說？
保養品的冷藏注意事項..190
玻尿酸到底好在哪裡？..193
擦了防曬品、隔離霜，需不需要卸妝？..........................196
深層敷臉，黑頭粉刺不來擾？..................................198
快速改善面皰與敏感問題的保養品？............................200
爭議不斷的卸妝油？..203

PART 1

化妝品達人LESSON 1
品牌沒有告訴你的事

新奇話題追追追

HOT TOPIC
天然ㄟ尚好～
有機認證的保養品

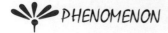 PHENOMENON

這兩年台灣的化妝品市場,大量出現標榜「有機保養品」的品牌,並提出有機認證單位的「標章」,作為信譽的保證。

記者也開始詢問,這些以「有機」為名的高價位保養品,該如何看待?如何確認有機之真假?有機保養品真的比較安全或比較好嗎?

確實,有機產品正受到世界性的消費者青睞。有機產品,遍指所有以有機模式生產,凡符合「各自」認證單位的有機標準,其產品都得以掛認證單位標章來幫助銷售。其範圍包括食品、化妝品、紡織品、農林產品、生物農藥、肥料等。所以,不僅是吃的、喝的,舉凡穿的用的擦的住的,越來越多的產品,

被消費者期待來自天然或者是有機的。

也許是人類的文明破壞自然生態，已到了必須反省的時期吧，所以「回歸自然、回歸有機」，這種自我健康保護的趨勢是不會停息的。

作為現代消費者，有必要對「有機產品」做些認識。而究竟有機保養品，對消費者提供的是什麼「價值」？大家不妨一起來認識這個新鮮的熱門話題。

RISING

有機化妝品的認證標準

目前世界上「有機化妝品」認證標準還沒有統一，但和煦的「有機風」已吹得消費市場如痴如狂，只要有「經過認證」，管他認證的標準是什麼，很多消費者都信以為真的買單呢。

搜尋世界各國的有機認證單位，認證的內容，主要是針對「農作」。必須是無污染源，各項產品在栽培與生產的流程中，完全未使用任何化學肥料、化學農藥等，才授予有機認證的證明文件。

因此，**有機化妝品，即便是通過了嚴格標準單位的認證**，也只能說是使用有機原料油脂或使用有機植物萃取等，**還不等同是優質的化妝品。**

甫於2002年成立於法國的COSMEBIO有機認證機構，資歷雖淺，但已嗅到有機化妝品的商機，是少數有針對化妝品做有機認證的機構。目前取得該公司認證的化妝品品牌，均極力標榜此機構最具國際公信力。

以COSMEBIO的認證標準為例，產品中的天然植物成分，最少必須有

50%是採用有機，所有製成品中，有機成分不得少於5%，合於此標準，發給ECO標誌。而產品的天然植物成分最少有95%採用有機，所有製成品中，有機成分不得少於10%，其他非天然成分不得超過5%，合於此標準，即發給BIO標誌。無所謂的100%有機保養品，100%的有機產品，僅限於原糧、原果。

RISING

不要被有機認證給矇騙

消費者忽略了一個重要的認知，**按國際慣例：有機認證，證書的有效期限只有一年。**有機產品認證，被要求建立一種連續、不間斷的追蹤制度。

所以，市面上的有機保養品牌，是否年年取得有機認證？是否能提得出認證繼續有效的證明？或者只是品牌創立之初，因為商業考量的一時申請？認證單位如何控管這些發出去的標章？（因為絕大多數的保養品，把認證標章印刷在瓶身，而非浮貼。這如何與年年更新認證連結，頗耐人探究。）

另一個認知是，每一支產品都具「有機認證」嗎？很多時候，特別是乳霜類、清潔類、彩妝類、精華液類產品，要做到高規格的有機認證，是有相當大難度的。

我要跟讀者分享的要點，重點是在**不要成為商人矇騙的對象，對於真正有機的產品，仍給予高度的支持與肯定。**

 RISING

天然不等於有機，有機不等於最好

天然的成分不等於有機成分。化妝品原料取源自四類物質：植物、礦物、動物和人造原料（化學合成、石油再製、生物科技等）。天然也很好，只是無所謂的「天然認證」而已，所以當隨意地被商業包裝時，是無法可管的。

至今**國際上還沒有對「無污染」和「純天然」做出界定**。所以，過去標榜純天然的保養品，在無法取得相關認證的同時，將受到嚴苛的品牌形象考驗。

標榜有機，最具體的價值是「對肌膚安全，使用者安心」。但安全不等於有效，安全或可以是有效的前提、磐石，但只有安全，無法滿足消費者對保養品的功能期待。

所以，有機化妝品，提供消費者另一種選擇，但不會取代科技化妝品。

 SEEING IS BELIEVING

有機認證標章導覽

· **CCOF（Caliornia Certified Organic Farmers）**：成立於1973年的加州有機農場組織，是美國最早的有機認證組織。

· **ACO（Australian Certified Organic）**：澳洲最大的有機認證組織，同時

是BFA（Biological Farmer of Australia）的附屬機構。

· **QAI（Quality Assurance International）**：於1989年成立，提供深具公信力之有機認證，同時致力於推廣有機知識的獨立民間機構。

· **ECOCERT**：於1991年成立，為全世界有機認證的指標，目前在全世界有超過70個提供有機審查、認證等服務處，包括美國、日本及歐洲。

· **COSMEBIO**：於2002年成立。

· **ICSJapan,Inc（International Certification Services）**，**JapanJAS（Japan Agriculture Standards）**：在日本凡標示為「有機」之農產品，就必須經由政府登錄之驗證機構辦理驗證合格。並須貼上或標示JAS統一標章。

EXPERT REMINDS

☆ 有機認證的化妝品，不等同於優質化妝品。

☆ 有機認證標章，有效期限只有一年，購買產品時，宜注意標章的可信度。

☆ 有機認證，多採用單一品項認證制。切勿以為是對某公司所有商品或品牌的認證。

✳ HOT TOPIC
實惠、方便、聰明購～ 網路化妝品

✿ PHENOMENON

　　近幾年，台灣的化妝品市場大餅，被網路品牌海削了一大塊。各式各樣的化妝品，名人自創品牌、成立專屬網站、靠行強大購物平台販售或乾脆直殺拍賣網站喊價販售，真是無奇不有。

　　台灣的化妝品網路銷售，可以讓一個口袋裡只有幾萬元的小民，快速地當上品牌老闆，還真是創造了台式經濟奇蹟呢。

　　但追蹤各式各樣網路品牌的後台，少有研發機構為背景、談不上能公開的嚴謹生產品管模式、缺乏企業經營扎根之必要程序等等。

　　這些「從缺事項」，確實省去了很多國際知名品牌所必須負擔的成本，也

免去了以品牌形象擔保品質的沈重包袱。

所以，儘管售價不高，但相對利潤卻不差，對小公司與個體戶來說，足夠吃穿過好日子了。

網路化妝品，當然也有名門正派、重信譽、重品質經營的。我並非否定網路化妝品的價值，實在是虛擬購物環境，摻雜太多低劣品質濫竽充數的品牌，才有感而發地提醒：「**睜亮眼，慎選網路化妝品。**」

 *RISING*

名人研發、監製的光環底下

不諱言，我熟識幾位跨足網路品牌的創辦人、研發總監，也了解台灣各種通路化妝品誕生的流程細節。特別是銷售、製造地都在台灣的品牌，不論是網路品牌或專櫃品牌，都極盡可能地包裝其「研發」的形象。

網路品牌，一般的產品產出模式是：**由有意願接單配合生產的工廠，提供現成的產品樣品試用。**品牌依想要強調的特色（或依想要模仿的暢銷品牌商品），**調整活性成分的種類、香味、顏色，**再穿上美麗的包裝外衣，搭配吸引人的行銷語言，**就成為各式各樣品牌的商品。**

而所謂研發總監或名人監製，其角色就是在活性物、色料、香味、賣相等細節上，提出意見與率先試用產品，**談不上具有能力把關製造品質，更談不上研發。**

很多時候，為了爭取更高利潤，下殺末端售價，還不得不犧牲添加活性物

的質與量呢。

　　透過一個研發總監的協助，網路品牌一年可以推出超過200種的商品……，這會不會讓國際級化妝品公司，花費鉅資供養數十人甚至百人的研發團隊，累積十年以上才可能擁有200個上市品項的品牌，感到自嘆不如呢？或者台灣的化妝品研發能力真的是世界一流，只缺「行銷包裝」這個強項呢？

RISING

網路品牌很便宜？
小心還是沒有撿到便宜

　　很多人會拿知名品牌的保養品，大加撻伐內容物根本值不了幾塊錢，卻售價驚人。大罵品牌暴利，難怪肯花大錢做廣告！

　　事實上，**相同的材料，不見得做出來的產品保養價值是相同的**。問題關鍵在研發配方專業度的差別上。而研發是要投注費用的。

　　舉個例子解釋，最常見的又濃又稠的精華液，是加了高分子膠（也可以是天然果膠、海藻膠）做出的勾芡物。

　　有些精華液的膠質對酸鹼變化很敏銳，內行人看配方選用的膠質，與產品所用的活性物搭配，就能掌握其價值關鍵。

　　譬如說，多數的Carbopol（Carbomer）膠，要在中偏鹼性液體中才會有稠度。而當你發現所買的精華液成分欄上，同時有不耐酸的Carbomer，又有果酸或水楊酸或左旋維他命C等酸性成分時，一般人也不覺得奇怪。但這其實

是有問題的。

RISING

網路品牌很便宜？你能理解的內情有限

化妝品的配方，有很多陷阱，外行人難洞悉究竟。

半吊子專家，往往看著產品出示的全成分，就正經八百、煞有其事的分析
講評起來。這行徑有點像是廚藝比賽，不去研究廚師經過料理後端出的菜餚營
養成分剩多少，卻逕行評析未經烹調前的食材之營養價值一般。

看成分查功能，是一般人對產品能理解的極限。**消費者不能理解的配方技
術與製造品管的真正細節，實在太多了。**所以，模仿品牌使用的賣點成分，或

未經成熟研發人員監控的產品，要買到便宜又優質，只能賭運氣囉。

一樣的活性成分，護膚價值差異大

再者是**以化妝品所引用的成分名稱，來評論化妝品成本的高低，實在也是超外行**。也只有非化妝品研發製造業者，或者是對化妝品行業認知相當粗淺的人，才會有如此的看法與謬論。

以維他命C為例，純度不同價格不同、新鮮度不同價格不同。所以，有一公斤幾百元的維他命C粉原料，也有一公克幾十元品級的C粉。

以植物萃取液為例，栽培方法不同價格不同、提取方法不同價格不同、濃度不同價格不同、活性成分含量不同價格不同。所以，常用的蘆薈萃取，有一公斤原料價一兩百元的，也有一公斤幾千元的。

因為做成化妝品之後，**原料的真相會被掩蓋，也很容易被作文章**，但原料價格差異懸殊的事實是存在的。

就算使用相同原料，加了多少還是個謎

常在住家附近的現炒店叫「蝦仁炒飯」，小女總是很天真的跟我抗議蝦仁又小又少不夠吃，是沒錯，很小的五隻蝦仁，但是一份只要50元。

羊毛出在羊身上，這是千古不變的道理。只是消費者常以為買到便宜、常以為商人的算盤壞了。

　　便宜又大碗的化妝品，就像加水稀釋的果汁，成本不會差太多，但是看起來物超所值多了。

　　購買網路品牌，常可以利用會員身分提出各種問題。**精打細算的讀者，不是只看價錢、容量與美麗的包裝語言。而該問：產品開發程序為何？如何開發的？原料來源為何？製造工廠在哪裡？產品安全性、有效性如何確認？一支產品從開發到上市程序為何？需時多久？**

　　多問，就可以比較出多到不行的網路品牌的良莠。從答客問中，也可以了解到產品的水平，了解到什麼是誇大不實，了解到經不起盤問的癥結。

 SEEING IS BELIEVING

[實驗]

維他命C粉末
0.2 克

0.5 % Carbomer 940
(pH 7.5)

Zn-PCA粉末
0.2 克

1. 說明：
（左）酸性維他命C粉末，
（中）0.5% Carbomer 940高稠度
　　　的凍膠
（右）離子性控油粉末。

維他命C粉末 0.2 克

0.5 % Carbomer 940 (pH 7.5)

Zn-PCA粉末 0.2 克

2. 說明：

將凍膠分別倒入攪拌，

（左）凍膠不耐酸性而瓦解成液狀。

（右）凍膠不耐離子型Zn-PCA的

Zn^{++}的電荷中和，而失去稠度。

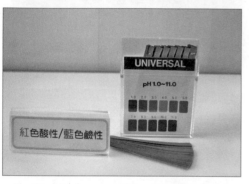

紅色酸性／藍色鹼性

3. 說明：

pH廣用試紙，可以直接測試產品的

酸鹼性。

EXPERT REMINDS

☆ 購買化妝品，宜了解研究背景、商品來歷。

☆ 購買網路化妝品，多利用會員身分，多發問，才能少上當，有助了解品牌的虛實。

☆ 購買網路化妝品，務必查驗標示是否完整。製造／保存日期、工廠登記字號、製造廠名稱、廠址等。國外進口，應有進口商名稱與地址。

✻ HOT TOPIC
好還要更好～
醫學美容保養品（假象版）

✻ PHENOMENON

隨著醫學美容的盛行，全世界掀起了這樣的風潮～醫師創立醫學美容保養品牌，醫院賣居家用保養品，皮膚科門診大廳擺滿了各種保養品牌，藥妝店也特別規劃出保養品特區。

「醫學美容保養品」，常會運用圖表、數據、臨床照片，以「科學化」、「醫學證實」、「醫師愛用」為包裝，挑戰百貨專櫃品牌的奢華、尊貴。產品「包材」也走簡潔、俐落，讓消費者感覺更像藥品般的專業、有療效感。

依據我的查詢，「化妝品」與「藥品」之間，若還存在著第三類產品，台灣有「含藥化妝品」，大陸有「特殊用途化妝品」，日本有「醫藥部外品（準

藥品）」，美國有「非處方藥」，歐盟則無此第三類產品。

　　近幾年美國部分醫界人士與化妝品界廣用的「療效化妝品（Cosmeceuticals）」一詞，截至目前為止也未被官方認可與規範。

　　而「**醫學美容保養品**」，就像是我們暱稱名媛鍾情高價格的「貴婦級保養品」一般，**只是一種「形容用詞」，無具體意義**。

RISING

有醫師或藥局的地方，就有賣醫學美容保養品？

　　或許一直以來，你接觸到的，可能只是在**「醫藥通路」購買的化妝品**，這**不等於你買到具實質意義的「醫學美容」化妝品**。

　　通路，就是銷售管道。化妝品的銷售管道，有百貨公司專櫃、開架藥妝店、診所醫療系統、賣場便利商店、網路與郵購、電視購物台、直傳銷、美容沙龍店等等。

　　化妝品集團，會同時擁有不同屬性的通路產品。像是L'Oreal集團底下，Lancome是百貨專櫃、Vichy是藥妝店、Maybelline是開架、新併購的杜克SkinCeuticals是診所醫療系統、L'Oreal Paris品牌則供應開架通路。

　　一般同一個品牌，會在相同通路販售，不會各種通路都有。所以，你可以在醫學美容中心買到「專屬」的醫學美容品牌，可以在百貨專櫃買到品牌自己定位出的「醫學美容保養品」。但不會在這兩個通路，看到相同的商品。

　　我要提醒讀者的是：**你不能天真的以為醫院、診所、藥妝店（屈臣氏、**

康是美、連鎖藥局）等，有醫師或藥師服務的地方，賣的化妝品就是醫學美容級。在連鎖藥局或診所附設的藥局中，他們也賣糖果、餅乾、綜合維他命、健康食品，連談不上健康的食品都賣的。**「化妝品」就是化妝品，放在哪兒賣、誰來賣，都是化妝品。**醫療級化妝品、醫藥級化妝品、醫學美容級化妝品……，均無官方認可。

RISING
檢視你所認識的醫學美容保養品

不要認為張老師總是在找碴。有明確價值的保養品，難道就不能冠上「醫學美容」，好讓消費者較容易了解嗎？

那當然，我也贊同。**但「保養品」的「功效」這事兒，可真的是消費者自己的認知加持造成的。**台灣很小，資訊傳播快又有效，所以大家的腦子裡裝滿了從媒體而來的商業化、置入性行銷化的資訊。非商業的、正向的、專業的資訊之獲得，因為曝光機會少，反而難求。

前面特別提到了，**全世界政府都沒給過「醫學美容化妝品」任何身分喔**。所以，得先釐清事實、理清頭緒。

要怎麼「理」呢？就像選美比賽一樣，雖然美是無標準的，但總得有些基本條件限制，才能報名。自認為美的人都上台去，台下的觀眾可要退門票、拆舞台的。

接下去，我就要草擬想掛上「醫學美容保養品」識別證的選美標準。**你可以利用這些標準，去比較市面上醫學美容級保養品的差異性。**

至於化妝品的價值，雖可以用多種角度去看，但對使用者的價值，只有一種，就是能解決、滿足你的需求的，在你心目中最具價值。

以下列出三個要項，作為市面上稱為「醫學美容保養品」的查核點。

RISING
醫學美容保養品的基本要件之一

1 產品有無研發單位支援開發、功效評估與檢測？

「研發單位」與「研發總監」是不一樣的，前者是機構或實驗室，是硬體與設備。後者是人、是智囊團。**常看到文宣上寫著「堅強的研發團隊」，則應該同時具備硬體設備與專業人。**

只有研發單位，沒有化妝品專業人參與運作。這種模式，典型例子是，藥廠推出保養品，藉著藥業的研發形象優勢，來加持集團下推出的保養品價值。

不論藥廠大小，**除非能提出如藥品療效般的研究數據。否則，只是換個場所生產，改在藥廠裡製造保養品**。這種保養品，跟醫藥實在是扯不上關係。

沒有研發單位，只有研發總監（例如張醫師、張博士、張老師等等）帶領的醫學美容級保養品。典型的例子是，醫師自創品牌，診間的病患與客戶，

就是「臨床研究」成果。醫師、博士掛名的品牌，用的成分常都是新到不行的喔，又如何去執行「累積多年」的臨床個案？如何去研發所聲稱的最佳效果的醫學美容產品？

RISING

醫學美容保養品的基本要件之二

2 DM說明書上呈現的圖表照片，都是原料商提供的相同資料？臨床實例照片，是修片後的效果？

這一點其實是最普遍，也是消費大眾最可以判斷卻失察之處。

原料商提供的功效圖片與數據，與拿在手上，聲稱添加該成分的保養品，效果差別在哪裡呢？

你可以想見的是濃度可能不同。其實不只如此，還有組合在配方中的其他成分不同、製造過程不同，都可能會降低損毀活性價值。或者客觀的說，**複方的保養商品所創造的保養效果，並不等於原料商提供的圖表效果**，可能高於，也可能低於，但總是不能直接借用人家的數據。

最簡單的邏輯是「**這些圖表數據，不是用擦在你臉上的產品測試出來的**」。美容整形中心，必須秀（show）出醫師自己執刀後的案例，不能把別的醫師割的完美雙眼皮貼在自家網頁或DM上啊。

而自從有了數位相機，並可在電腦上配合軟體修片之後，大家才知道要把

自己變得美麗零瑕疵有多麼簡單。所以，**使用原料商的圖表、使用修片後的使用見證照片，這種拼裝假象的醫學美容保養品，我個人並不認同。**（見 p.44）

RISING
醫學美容保養品的基本要件之三

3 來自先進國家的醫學美容級品牌？

　　咱們台灣人真的還要多努力沒錯，因為大多數的人都沒有能力判斷來自國外品牌的實力與信譽，所以總是出糗、鬧笑話。多數美容沙龍的老闆說：「我們只賣進口品牌，客人也不願意買粗製濫造的台灣貨。」喔，高啊。

　　外來的和尚會唸經？化妝品業比台灣先進的國家有哪些？消費者自己都不清楚，就一味的認為外國貨強、有保障，這個有待再教育。

　　就算你認為日本、美國、德國、法國，真的是很先進，但不等於引進台灣的產品，都來自先進國家的優良廠啊。

　　實際情況是，**貿易公司（包含獨立想創業者）到國外參觀化妝品展，代理回台灣銷售。**大型成熟且已具形象規模的公司，沒有以參展方式找代理商的壓力。

　　小品牌進台灣市場，先尋求通路，哪條通路能鋪貨、能流通才是重點。你相信嗎？**診所＆藥妝店、電視購物＆刊物、網路銷售、美容沙龍，是進口品牌較易生存發展的空間。**

當然，外來品牌，只要上Google查詢，就可以了解「原廠」的規模與屬性，實在不必盲目推崇進口品牌。實際一點，就像認同或肯定一件事情，得要有具體明確可信服的理由。

 SEEING IS BELIEVING

[臨床實例照片]

（臉部皺紋修片前）　　（臉部皺紋修片後）

[原料商提供之類病毒桿菌素皺紋淡化圖]
不含活性物之面霜

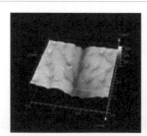 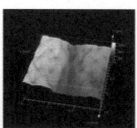 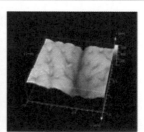

第0天　　　　　　第15天　　　　　　第30天

Argire eline

  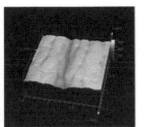

| 第0天 | 第15天 | 第30天 |

EXPERT REMINDS

☆ 不要以為：在藥局、診所買的，就是醫學美容級保養品。

☆ 不要以為：冠上「藥廠研發」就是醫學美容級保養品。

☆ 不要以為：DM上的圖表照片，就是產品測試的真結果。

☆ 不要以為：「醫學美容級」就是更高品質、更高療效的保證。

HOT TOPIC

好還要更好～醫學美容保養品（願景版）

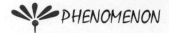

PHENOMENON

消費大眾，多數認為能在醫學美容中心販售的保養品，是比較有療效保障的，即使售價偏高，因為有醫師與藥師「把關」，也比較不會吃虧上當。

各不同通路品牌，特別是百貨專櫃的大品牌，開始推出「醫學美容」保養品，強調品質技術升級、在家做醫學美容、保養療效升級。

平心而論，達到醫學美容級的保養品，雖還不普遍，但是卻在各個不同的銷售通路都存在。在不查探產品價格的前提下，我相信，一支經過嚴謹開發、試驗評估、品管製造與療效確定等過程洗鍊的療效級保養品，必然要付出合理的代價。每省去一個步驟，就降低一些成本，但也就少了些保證吧。

RISING

化妝品業者，對醫學美容級保養品的市場機會，看法是樂觀的。大環境對醫學美容級保養品的價值有著「願景」，消費者也有使用醫學美容級保養品的「需求」。因此，藉此單元，我們來拋出期待願景，相信商人會去尋找、創造符合消費者需求的產品。國內化妝品業者，也可以此期待，作為產業升級的參考方向。

RISING

醫學美容保養品，新定位

台灣市場所謂的「醫學美容保養品」，實在無對稱的英文名稱好與世界接軌，最接近的說法，應該是「療效化妝品（Cosmeceuticals）」一詞吧。

而當我們的化妝品市場，冠上「醫學美容」的目的，是要進一步提升消費者對效果的期待認知，並具體的刺激消費購買慾望時，我會認為：要不負眾望的話，這些推出醫學美容產品的公司，其自我要求，也要跟著嚴謹與提升才行。

我給予新的願景定位是：

1、標榜「醫學美容」產品，應是**更具專業技術、道德良心**與**形象責任**的產品。

2、標榜「醫學美容」產品，不打誑語、不做不實文宣。要求如**「用藥效果說明」**般的態度來介紹產品功效。

3、標榜「醫學美容」產品,應以「**產品**」進行安全性、有效性的評估,確實印證產品的功效。

4、標榜「醫學美容」產品,應以**不添加質地修飾劑為配方目標**,降低皮膚不必要的負擔與風險。

5、標榜「醫學美容」產品,除了應具備嚴謹的研發、測試程序之外,還**應有GMP級的生產環境與品管流程**。

6、標榜「醫學美容」產品,**應有第三公正研究單位的委託測試**,以更客觀的方式取信消費者。

 RISING

拒絕拿「醫學美容」當包裝紙的保養品

化妝品業者或許會認為,我把「醫學美容」弄得太高不可攀了,會造成市場發展阻力。但消費者可不這麼認為(我也是一個消費者啊)。

我常買包裝精美的水蜜桃禮盒送禮,為了確保送出去的水果品質不至於造成失了銀子,丟了面子,通常會先零買同級品一兩顆試吃。

對消費者來說,花大錢是要買品質保證。對銷售者來說,包裝精美也是品質擔保的一種形式。**消費者可不想花大錢買到,只是拿「醫學美容」來當包裝**

紙的產品啊。

拒絕偽裝與誇大情事，如下：

1、以「堅強的研發團隊」來包裝

　　「研發團隊」，是硬體設備與人的組合。 讀者請務必仔細了解，這個品牌是怎麼說明其研發團隊的。

　　若硬體設備，是指委託代製的工廠；軟體的智囊團，是指各式各樣非化妝品配方類的專家，這種組合的真實內涵是：「工廠負責開發生產，智囊團負責行銷。」

　　當智囊團的成員，能力的強項竟是銷售時，這就與「研發」醫學美容保養品的能力沒什麼關係了。

2、以「進口美容醫學品牌」來包裝

　　貿易商費盡心思覓得優良產品，代理進入台灣市場，是一件很值得佩服且造福消費者的事。但不能冒用「距離美感」大玩包裝遊戲。

　　是優良保養品，更該誠實展現原廠的品牌形象，不宜移花接木，搖身一變，就聲稱是醫學美容產品。

　　讀者請務必針對藥妝通路中的進口品牌，多利用品牌提供的有限資料（網址、地址、專利號碼等），上網進行原廠研發實力的了解與查證。

3、以「他牌、原料商的資料作為自己產品的研究報告」來包裝

　　這個動作，有研發規模的品牌，絕對不會做。因為太遜了，更會削弱集團研發團隊的形象。所以，不要被這種「假他人數據圖表」的手法玩弄了，**這是**

無實質研發品牌，自暴其短的照妖鏡。往後讀者再有機會看到，類似這種，不是以品牌自己的產品，去委外公正單位實際測試的「療效證明」，其意義不言可喻。

　　原廠資料，是原料商推廣銷售原料的說明書。必須先證實「原料」本身的效用，才有化妝品廠願意使用。

　　化妝品工廠，會依一定流程「評估確認」這些原料的價值性，之後再選擇置入配方中。一般雀屏中選入配方的功能性原料，通常會有好幾個，而當**配伍成為成熟安定的配方之後，其達到「療效」的要件，就已轉為倚重配方技術了**。

 EXPERT REMINDS

☆ 優質的保養品牌，不是靠「醫學美容」皇冠，來自我吹噓的。

☆ 在「醫學美容保養品」妾身未明之前，不必一味相信它比較有效，更不能輕易相信廠商自稱的「醫學美容級」。

☆ 購買「醫學美容保養品」，要有檢察官的精神，唯有詳細查探，才能知品牌之虛實，才能保障權益。

❇ HOT TOPIC

Only for man～
男性專屬保養品

 PHENOMENON

　　這兩年百貨公司的男性用品樓層，悄悄地獨立出男性保養品專櫃。許多廠商不再墨守成規地守著開架式洗面皂、刮鬍泡、爽膚水等簡單的男性用品，而將男士的保養提升為「專為男性肌膚」量身打造的品牌。

　　文字媒體有了新的發揮題材，開始教育男性如何積極地保養。品牌也找來帥哥偶像代言、推出多元齊全的男用品項。一時間，大家開始認為男性與女性的保養品，是應該有不相同的訴求、也應該有區分的必要。

　　從保養成分來看，實在沒有男女的差異。從皮膚生理結構來看，男性的肌膚，除了角質與表皮層較厚些之外，也沒什麼大差別。一些先天男性荷爾蒙差

異而造成的男人易禿頭（還跟遺傳有關）、皮脂分泌量大、體毛多等表徵，跟皮膚保養並沒有絕對的關連。

嚴格說，大概只有刮鬍泡、生髮液，女性極少有機會用到，稱為男性專屬用品。其他清潔類與保養產品，配方設計上，只能勉強從香味上去定義男女的不同。

 RISING

醜男的癥結～先天不良，後天失調

青春期後的男女肌膚，逐漸地顯現細緻度上之不同。男性肌膚較粗糙、較油膩，發生面皰時的惡化情況也較為嚴重。

男肌較粗糙，有幾個因素：1、先天上，角質較厚。2、後天者，較缺乏正確有效率的清潔、保養習慣。3、長期刮鬍子，刮傷角質與表皮肌膚。

男肌較油膩與面皰嚴重。其主要原因。1、先天上，皮脂腺體發達、男性荷爾蒙多。2、後天缺乏正確有效率的調理保養。3、清潔用品使用錯誤。

至於女生總嘲笑熟男的沙皮狗肌膚，這種深層的皺紋，可不是男人的專利。**「皺紋男」的問題是出在，普遍比女性多的曝曬機會，又少有防曬概念與配套。**

RISING

熟男的優勢～不長斑，彈性佳

先別認為男生的膚質天生比女生差。熟齡後的肌膚，男性可是比女生具優勢的。你可能不知道，**男性的肌膚較女性有彈性。男性肌膚不易形成顴骨斑、黑斑、雀斑。**

男性肌膚較有彈性，屬先天的優勢。研究顯示女性的真皮層中膠原蛋白流失，速度比男人快。原因尚待醫界尋找推論。

男人不擅防曬，皺紋多是事實。但因為荷爾蒙因素，卻不易有麻子臉、生鏽般的臉蛋。40歲以上的熟女，飽受臉上不斷冒出的色斑所苦。同年紀的熟男，則無這方面的困擾呢。

所以，男人不青睞淡斑保養品，倒是會問怎麼樣可以讓臉上的皺紋不見。

RISING

醜男如何為面子加分？

「醜」是因為皮膚髒亂，只要洗乾淨、維持一定的潔淨度，就不至於醜態百出。洗臉有什麼難的？就是因為沒困難，所以才少有醜男去留意。

臉很油、油到毛孔阻塞、油到沾滿環境中的烏煙瘴氣……，所以「一瓶超優洗淨力的洗面乳是一定要的啦」。然後呢，就肯定可以找到「條件符合」的

商品，洗後，臉上十萬個窗戶（毛孔）立即打開、透氣舒暢。接著，使用象徵舒暢豪邁的酒精化妝水，全臉拍一拍。

相信嗎？這一類勤快卻仍然是脫離不了「蔥油餅」封號的男生，在大學的教室裡超過半數。只有兩三成人，是得天獨厚者，臉不出油、不冒痘、不用洗面乳的。

13～20歲左右（國中到大二），荷爾蒙分泌旺盛，屬於粉刺、青春痘困擾期。這個時期的清潔，**盡量避開「過鹼性，pH9以上」製品，維持肌膚弱酸性，有益肌膚菌叢平衡，降低痤瘡桿菌滋長的機會**。控油、調理面皰的化妝水，平常日使用，宜避免酒精味明顯的品牌。嚴重化膿性面皰，還是先看醫師再說。

清潔之外的加分保養，以抗氧化、防曬為最重要。抗氧化，可以融入化妝水的品項中，也就是選擇強調抗氧化功效的化妝水。

20～35歲，因經常修整門面使用刮鬍刀所帶來的皮膚刮傷，角質提早剝落，難免脫皮粗糙。可再增加潤膚產品，夏天仍以化妝水類為重，冬天可改為帶輕微油脂的乳液。**保養菜單──洗面乳、化妝水**（消炎抗敏、控油、保濕、抗氧化等）、**防曬乳液**。

 RISING

熟男如何為面子加分？

35歲以後，皮膚會逐漸顯老，保養上可開始使用保濕或修護功效較強的產品。**保養品建議──洗面乳、化妝水、含保濕及除皺的乳液或精華液、防曬**

乳。

　　從「成分」的角度來說，供給皮膚的抗老化、保濕、滋養等護膚成分，並沒有男性肌或女性肌的區分。

　　從抗老化的角度來說，皮膚保養並不刻意切割「男」或「女」，而是什麼時候需要開始保養了。至於「要使用多少種類的保養品？」「要使用到什麼程度？」則視年齡、肌膚狀況、個人喜好來決定。

　　例如面膜、眼霜等保養品項，原本就不是只有「女生」才需要，熟男仍然可以用。**刻意分男性專用，行銷分眾化的考量，大於實質意義考量。**

　　多數熟男雖然在乎肌膚的問題，但卻又招架不住類似女性保養的繁複過程。想要「面子好看」，又懶得花時間「整理面子」的心態，是要與現實磨合的。不過也可以看到這一塊的商機，「極簡」使用程序，乃成年男性使用保養品最高原則。而極簡豈只是男性的期待呢。

EXPERT REMINDS

☆ 男性專用，行銷分眾化的意義大於使用分眾意義。
☆ 男性保養，首重正確有效的清潔與避免錯用偏鹼製品。
☆ 保養加分，首重抗氧化與防曬。
☆ 抗老保養，女人用好，男人用也會好。

✺ HOT TOPIC
不只穿戴，還可吃、擦～
奈米金屬保養品

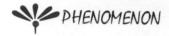 PHENOMENON

2005年起，偶有記者問起「黃金箔」保養品與「奈米金」保養品的價值。到了2006、2007年，不論是本土草創的小品牌或者是進口知名品牌，默契十足地共同串起「奈米金」的風鈴。從奈米金屬原料市場的狀況來推斷，這陣流行風，短期幾年內，會有響不停的風鈴聲了。

除了奈米黃金之外，奈米白金、奈米銀，也都成了這一波奈米金屬熱的主角。一通接著一通的採訪電話不斷，又是期待又是質疑的記者，正反映出消費者忐忑不安的好奇心情。

單純的黃金、白金、白銀對人的保養價值，自古即有例可尋。倒是奈米化之後，目前累積的時間經驗，科學家們尚難為奈米金屬做歷史價值背書。

我常比喻「奈米科技」，是一種從眼睛「看得到」到「看不到」的科技。所以，保養品中添加「黃金箔」是看得到的，其價值可以用「歷史實證」去推演。保養品中添加「奈米金」則是看不到的，價值必須「暫時」透過「科學」去解釋。也許，這一世紀的我們，可以為下一世紀的人，見證奈米金的價值（由我們寫歷史喔）。

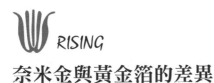

RISING
奈米金與黃金箔的差異

奈米金，因為粒徑太小眼睛看不到，只能看到奈米金懸浮在溶液中的液體顏色。黃金箔，就是純黃金延展而成的，呈現跟飾品金一樣金碧輝煌的閃亮色澤。

而凡是眼睛看得到的，就不夠「小」，這無須爭辯。但是，安定安全，就沒有大問題。黃金有很好的生物相容性，可以直接作為醫療器材，像是假牙、心血管支架。中國古代有吞金養生的記載，日本也將黃金箔放在茶水、清酒中飲用。

至於**奈米黃金，科學發現則是具非常高的「抗表面氧化能力」**，與其他奈米化金屬相較，其在空氣中仍然具有不易被氧化的特性。**截至目前為止，科學**

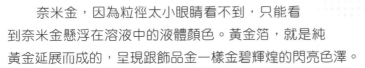

界也只敢推斷「吃」與「擦」奈米金，就金的價值來看，應是具有吸附自由基的抗氧化作用。

另外一個可能的附加價值是，奈米金可望以載體的方式，協助其他活性成分被皮膚吸收。

RISING
奈米白金與奈米黃金，孰優？

這是個很商業化的問題，記者頻問啊。因為品牌一直在強調差異性，所以我還得拚命地找出具體的結論才行。

首先，以黃金跟白金的市場價格，白金貴上一倍是真的。而為什麼一定要選擇奈米白金，或兩者混搭？這倒是商業考量大於科學考量。

品牌不外乎創造特色與差異化。科學則是論效益的。奈米白金對人類肌膚作用的科學數據，就跟奈米黃金一般，有諸多未能明朗之處。所以，就談不上比較優缺。從金屬特性上去解釋，兩者的目的與作用是相似的。

另外一點是，不論是黃金或白金，**奈米化的方式（或說過程）與奈米顆粒大小，是會影響其價值的**（即使是從自由基的吸附能力來比較）。

早期有廠商開發研磨的方法（就是鐵杵磨成針的精神），將金奈米化。但目前證實，這樣的方式無法讓奈米金達到最佳物性表現，穩定性也有待再確認。因此，不是聲稱添加「奈米金」的產品，其價值皆相同。當然，這就又成為品牌炒作奈米金技術差別的另一個新話題了。

RISING

奈米銀,最好的殺菌劑替代物

要說奈米銀是本世紀最佳的殺菌劑,大家都會贊同且欣慰科技的偉大貢獻。銀能殺菌、抗菌,其原理與優點,網路資料非常普及。大體上來說,奈米銀比一般銀更具抗菌效果,比銀離子更安全。

使用奈米銀滅菌,皮膚不會有抗藥性的問題。可直接應用在傷口的消毒,也可作為濕疹、痤瘡的控制。

奈米銀對狐臭(因細菌分解汗腺上的蛋白質所產生),有極佳的克臭效果。

但奈米銀應用在皮膚保養品,個人則持保留的態度。

添加極低的濃度,替代傳統保養品配方對防腐制菌劑的高濃度依賴,這是好事,值得嘗試推廣。

然而,以較高濃度的奈米銀,訴求對面皰、敏感性肌膚具改善效果,這可能還有待商榷。**目前奈米銀在皮膚上的抗菌研究,都只鎖定在病灶、傷口感染處。**以含足以滅菌濃度的奈米銀,合併保養品全面性的擦在臉部,長期的影響是什麼?不清楚。雖沒有負面報告出爐,但也沒有正面的安全研究出現啊。

消費大眾且不必過於恐慌,因為化妝品習慣誇大療效,只要使用奈米銀於產品中,即使濃度微乎其微,都可能宣稱可以治療面皰、改善敏感肌膚。基本上,要達到「有效的抗菌力」,這奈米銀水,都應是看得出的淡黃棕色液體。所以,放眼「看去」,以目前的保養品中含有的奈米銀濃度,大家安啦。

SEEING IS BELIEVING

含奈米銀保養品 & 奈米銀水

含奈米金保養品 & 奈米金水

含黃金箔的保養品

❈ HOT TOPIC
21世紀的生技依賴
～胜肽、生長因子

 *PHENOMENON*

推廣前一本著作期間，常強調書中是以當今的熱門話題為探討的開端，某名主持人就問我：「書裡有沒有談到胜肽、生長因子啊？這可是最熱的話題耶。」幾年來，記者也確實經常追問生長因子、幹細胞、多胜肽、荷爾蒙等問題。

對絕大多數的消費者，獲得的這一類訊息，多數是商業化資訊。學者雖不是沒發聲，但總敵不過行銷化的語言。「媒體」這個傳聲筒、擴音器，有時候是被廣告綁架，有時候是迷湯喝多了，不自覺地昏頭附和。

為什麼我現在才要談？原因有三，因為對這個話題成分一直了解得不夠透

徹，還必須再做更多的文獻確認。因為放任著商業化的語言胡亂說，心是會痛的。因為記者提問的問題亂無章法，透過記者綜合採訪報導的文章，讀者獲得的知識，跟記者一樣「一頭霧水、更不清楚」。

　　生長因子、胜肽、荷爾蒙，究竟能為肌膚帶來什麼禍福？究竟肌膚保養需不需要用到這些高深不可理解的仙丹神藥？我帶大家一起來省思。

 RISING

胜肽是什麼？打哪來？做什麼用？

　　上面這個小標題，可是記者採訪時最常用的開場白喔。

　　胜肽是什麼？英文Peptide。兩個胺基酸，以一個胜肽鍵連成的二元體，稱之為二胜肽（Dipeptides）。三個胺基酸，則以兩個胜肽鍵連成三胜肽（Tripeptides）。許多胺基酸連成多胜肽（Polypeptides）。含有數個至數十個胺基酸者，稱為胜肽或多胜肽；百個以上者可稱為蛋白質。胺基酸數量介於兩者之間的，稱之為蛋白質或多胜肽都可以。

　　打哪來？人體裡有很多種多胜肽，**像是一些荷爾蒙（激素）、生長因子就是**。拜生物科技的進步，現代的生物技術不但可以解碼出各種荷爾蒙、生長因子的胺基酸結構與排列次序，還可以經由人工合成的方式，製造出與人體內生性的胜肽完全相符的成分。

　　做什麼用？胜肽的合成方式，有經過蛋白質轉譯後切下來的片段，也有使用酵素把一個一個胺基酸架接組合成的。雖然獲得的方式不同，基本作用機制卻相似。乃是以該胜肽所組成的特殊立體構形，與目標細胞膜上的接受體結合，**對細胞進行有目的的作用**。或者也可說，胜肽的作用是具有專一性的。

某些胺基酸或胜肽，具有較特殊的生理活性，是早就被發現到的。像是吃的味素就是一種胺基酸（麩酸鈉Sodiumglutamate），具安眠效果的胺基酸（色胺酸Tryptophan），可產生鎮痛效果的胜肽（腦啡Enkephalin），可作為代糖的胜肽（阿司巴甜L-Aspartame），具殺菌作用的抗生素多胜肽（GramicidinS），具催產作用的荷爾蒙多胜肽（縮宮素Oxytocin），具利尿作用的多胜肽（Vasopressin）等。

RISING
保養品用的是什麼胜肽？打哪來？做什麼用？

生物科技已確定能夠解碼人體的多胜肽排序，並且完全地複製它。當然，**多胜肽也可以取自其他動物，或直接合成新的胺基酸，按預定的排序組合起來。**再經分析確認生化功效後，進行應用面的研究與開發。

因此，人類還可以跟「胜肽的發展」玩上一個世紀以上。而應用面在推廣之前，是必須要有「非常嚴謹、完整的實驗數據，證實其價值，並且保障使用上充分的安全」的。

保養品中用的胜肽，主要是合成的。其次是取自其他動物體。目前從二胜肽到十幾胜肽，都有被開發至臨床應用的例子。功效，是科學家依經驗累積，去判斷可能效果，壓寶做實驗而得來的成果。有了預期的功效，就會開始繼續做安全性的評估。

從分子大小的概念來想，分子小的二胜肽是比分子大的六胜肽或更大數字的胜肽，容易經由皮膚滲入。**但價值效用各不相同，也無所謂「對號入座」的**

功效。好多人歸納：二胜肽淡斑、三胜肽燃燒脂肪、四胜肽刺激荷爾蒙、五胜肽補充膠原、六胜肽控制皺紋等等的謬論，實在是異想天開。

目前市面上加入保養品中的胜肽，其實種類並不多，總數未超過十種。且都是千錘百鍊後，才能推出，獲得效用上的肯定。

讀者要留意的是：一種新開發出的胜肽，不論在生物體或生技合成，**若提出的實驗資料，局限於該公司自己的研究成果，無更廣大的科學研究背書**。那麼，即使在護膚保養上，有立竿見影的效果，長期使用的風險、未來不可預知的副作用等等，都得要勇於嘗新、搶先的人，自行承擔。

⚘ RISING
生長因子是什麼？打哪來？做什麼用？

生長因子是什麼？英文Growth factor。也屬於**多胜肽**的一種。生長因子是一類能刺激特定目標的細胞，產生某些生物效應（例如有絲分裂等），具生物活性多胜肽（或稱蛋白）。

到目前為止，研究發現的生長因子有數十種，與皮膚較相關的則主要有纖維母細胞生長因子FGF（Fibroblast growth factor）、β轉化生長因子TGF-β（Transformuing growth factor beta）、表皮細胞生長因子EGF（Epidermal growth factor）、角質細胞生長因子KGF（Keratinocyte Growth Factor）等。

打哪來？以表皮細胞生長因子EGF為例，是由53個胺基酸，有順序地排列而成，分子量6,400道耳吞。它是促進表皮細胞生長的主要內生性因子。現

今的表皮細胞生長因子，可以由昆蟲、動物等體內取得，也可以由合成的方式製得，但都是相當昂貴的。

做什麼用？這得從醫用講起。

用在協助組織移植。整形外科手術，最大難題是組織壞死。特定的生長因子扮演著血管生長的強誘導劑的重要角色。

修復難癒創面。外科手術後，創面經久不癒時，EGF能加速細胞的有絲分裂，有效刺激新血管形成和最終的膠原合成，加速傷口癒合。

皮膚保養的作用，訴求不外乎細胞新生、膠原再生、回春。

SEEING IS BELIEVING

[1.表皮細胞生長因子分子結構圖]

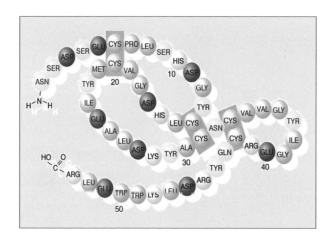

[2.表皮細胞生長因子分子結構圖]

簡稱	中文全名	大約分子量（單位dalton）
EGF	表皮細胞生長因子	6,400
IGF-1	胰島素樣生長因子-1	8,000
TGF-β	β轉化生長因子	12,000
KGF-2	角質細胞生長因子-2	26,000
FGF	纖維母細胞生長因子	18,000
PDGF	血小板衍化生長因子	35,000
HGF	肝細胞生長因子	105,000

 RISING

生長因子的問題與展望

1 從風險面來想

　　生長因子的命名，是根據其能刺激某特殊目標細胞（即靶細胞）或來源來命名的。但現今的研究發現，生長因子恐怕還身懷其他才能絕技。**過去的命名，很難準確完整地描述它的作用**，甚且引起名稱上的誤解。

例如，纖維母細胞生長因子FGF，是因為能刺激纖維母細胞複製和移動而命名，但現今卻發現它還是一個很強的血管生成蛋白。這在實際的臨床應用上，可能是好事，**更可能是風險。一種生長因子，對各種目標細胞，還有多種作用，值得注意。**

生長因子的作用極其複雜。當其他胜肽類出現的時候，生長因子對同一個細胞，可以表現「促進或抑制」。這種現象已被一再證實。另外，一個生長因子，也能夠改變另一生長因子與目標細胞的親和力（可能增，也可能減）。

非人類取源「外源性生長因子」，目前進入人體內的相關影響研究並不算多，累積的資料也不足以具科學量化的代表性，實在須用更長的歲月來成熟、確認。

2 從應用面來想

大家老是關心生長因子的分子量太大，無法經由皮膚外塗抹的方式滲透。確實，EGF分子量6,400道耳吞，FGF還是一百多個胺基酸的大蛋白，分子量18,000道耳吞，都是**超過皮膚自然吸收大門的尺寸**，以自然塗擦、等待奇蹟出現的方式使用，透入的機會微乎其微。

但是，分子大的問題，真的有那麼嚴重嗎？如果是好的、有價值的，不論如何，打針也能打進去啊。我的意思是說，**可以調整使用的方式去克服（例如創造創面肌膚，像是換膚或微針導入等）。**

化妝品界的問題在於行銷產品的方式過於正向肯定（就是誇大啦），只有商機考量，沒有足夠的使用風險觀念，當然就沒有企業責任概念。

另外還有一個問題，**是多數生長因子的「半衰期」僅有數小時之久，甚至更短。**像是目前最廣用的EGF，也是必須持續性的使用，才能維持對目標細胞的效應。**若沒有一個完善的釋放系統**，來延長生長因子與目標組織的接觸時間

（即必須有固定投料機制的緩釋作用），**其所能發揮的生物效應就會像曇花一現般的短暫。**

　　我對生長因子在肌膚保養的未來，看法是樂觀的。但是，**現階段仍不認為，適合鼓勵民眾去使用各式各樣來源的生長因子產品。**我們不是白老鼠，不必為了肌膚之美做這麼大的風險挑戰。

EXPERT REMINDS

☆ 從風險觀來說，非內生性的短鏈胜肽比非內生性的生長因子，承擔的風險低些。效果也比較明顯單一。

☆ 從需求來看，就算能克服吸收障礙，生長因子像春藥，效果來得快，去得也快，還有後遺症不太能確定的疑慮。

☆ 選擇生長因子的產品，務必用更嚴謹的態度。只是想讓肌膚更漂亮，目前腳步宜放慢。

✳ HOT TOPIC

全球暖化‧肌膚醜化～
抵禦環境的護膚新概念

❀ PHENOMENON

全球暖化，是一個世界性的議題。有人半開玩笑的說，發「全球暖化」財的行業，不只希望大家炒熱全球暖化的議題，更提供金錢贊助各種全球暖化的國際會議。有些事霧裡看花，真相不得而知，但全球暖化是事實。下一波化妝品行銷，頂著「因應全球暖化，抵禦環境惡化」而研發的化妝品，正在蓄勢待發。

這股「地球熱」，已經燒到記者的訪問來了，採訪的主題就鎖定「因應全球暖化，肌膚的保養對策」。逼得我不得不去關心一下，全球暖化跟皮膚保養的關連性有哪些呢？

專業人關心世界性的議題，但不想跟著起舞炒作話題。當嚴肅的議題底下，移花接木的被炒作或誇大，就專業的部分，就有匡正解析的必要。

全球暖化，跟皮膚健康有關的是溫度、濕度、紫外線、空氣中的二氧化碳濃度的改變。**這些改變，不會是因化妝品又研發了新的成分或新的配方來抗衡，而是保養的方式必須有因應之道。**

RISING
全球暖化，與皮膚保養有關？

從網路上、政府、學術會議等蒐羅的資料顯示：

溫度，2050年地球溫度上升2℃。或另一說法，**未來50年，全球溫度將上升1.5～4.5℃**。溫室效應，主要來自二氧化碳（CO_2）、氟碳化物（CFCs）、甲烷（CH_4）與臭氧（O_3）。溫度升高，人的情緒會處在較為煩躁的狀態。

二氧化碳，目前的濃度是353ppm，每年以0.5%速度增加。地球環境的二氧化碳，平衡濃度是280ppm。所以空氣中二氧化碳的濃度，尤其是**都會區，常超出正常值30%**，也就是常高達360ppm以上。

濕度，35℃以上的高溫天氣會增多，但高溫時的空氣濕度卻降低（台灣過去20年的濕度下降5%）。其實台灣四面環海，全年平均濕度大於75%RH，雨季及入夜更高達90%RH。若不吹冷氣或開除濕機除濕的話，高溫的夏天，幾乎沒有皮膚乾燥的困擾。

沙塵暴，跟空氣污染一樣，躲為上策。

RISING

全球暖化，保養三部曲之一

要跟全球暖化環境抗衡的保養，可分成三部曲。**第一，加強防禦環境危害。第二，提升肌膚自我防禦力。第三，徹底清除皮膚髒污。**其他的保養內容，並不需刻意調整。

加強防禦環境危害。環境危害指「紫外線、高溫、高二氧化碳濃度」。加強防曬，使用高防曬係數產品，是持續會被強調的必須防禦手段。但問題來了，**擦在皮膚上的高係數防曬品，必須「先確定」不滲入肌膚，「後確認」不易流失。**

高防曬係數的產品，多半有著添加高濃度的化學防曬成分的情況。化學防曬成分，對肌膚、人體都是不安全的，這一點大家都已經知道。所以，**擦在皮膚上，不能有刺痛感（表示有滲入現象）**，否則一到戶外，高溫環境下，毛孔汗孔大開，溫度加強滲透，防曬好處沒看到之前，皮膚反而受防曬成分給毒害了。

防流失的補擦動作，倒是較能教導與理解的。流汗戲水，皮膚上的防曬膜減少了，憑觸感就會知道該補擦了。不要去研究多久補擦一次這種無聊問題。難道開車從高雄到台北，中間要停個十次補擦防曬品？

RISING

全球暖化，保養三部曲之二

如果防曬是穿雨衣，那麼「提升肌膚自我防禦力」，就是鍛鍊強健的身體

了。因為總有淋雨的時候，不能弱不禁風到連偶爾淋雨的能耐都沒有。

暖化環境的危害，空中的二氧化碳多了，呼吸中能獲得的氧氣少了，血液的溶氧量偏低，運送到全身各處的氧氣配合當然也少了，皮膚的健康度多少折損些。因此。因應暖化的第二招，是提升肌膚自我防禦力。

就從**強化抗自由基的能力開始**，吃的擦的，水溶性的油溶性的，有機的無機的，天然的人造的，酵素的非酵素的，**越多元組合，對肌膚人體有益無害。**

水溶性，像是維他命C、綠茶多酚。油溶性，像是維他命E、大豆異黃酮。有機的，像是綠茶、紅酒、Q10。無機的，像是鋅、金。天然的，像是橄欖多酚、胡蘿蔔素。人造的，像是富勒烯（Fullerene C60）。酵素的，像是SOD（Super oxide dismutase）。非酵素的，像是茄紅素、蝦紅素。

只有強化肌膚的自我防禦，才是治本之道。**目前的化妝品功效，唯一可以數據量化的只有防曬係數。**抗氧化、抗自由基的重要性，雖不亞於防曬，但因為抗氧化物質，本身即是不安定易自行氧化的成分。所以，要到科學量化，以抗氧化指數的方式標示，還有很長的時間要等待。

但保養不能等，所以目前只能**以「多元複方組合」的方式來選擇產品。以購買「新鮮貨」的方式來確保抗氧化效力。以「冷藏保存」的方式來延長抗氧化的價值。**

全球暖化，保養三部曲之三

到了第三部曲，是徹底地清除皮膚髒污。這不是平時就該做的嗎？何以全球暖化特別提到？

當環境實在太髒時，皮膚在不再出門去的晚上，需要好好地休息。環境中高濃度的二氧化碳，讓毛孔對外的透氧量減少，又因為防曬品要做到防滲入的保護，這就會使厭氧性的面皰桿菌（P. acnes）有好的繁殖環境。

換言之，**易發生面皰的肌膚，將因為地球暖化、加強防曬，而使面皰更嚴重。不發生面皰者，也會因為環境髒污不透氣而粗荒、長黑頭。**

清潔，不是一次又一次的洗臉。而是要將重點放在**增加清潔敷臉的頻率**上。只有增加毛孔的疏通清潔次數，才能確保皮脂不堆積、讓面皰桿菌沒事做。毛囊健康，自然毛孔粗大、粉刺、暗瘡等問題就少。

全球暖化，更該加強保濕？

保濕的需求是跟環境濕度互動的。濕度高，需求低。濕度低，需求高。**以台灣的平均濕度來看，全球暖化，不需特別調整保濕策略。**別的國家的問題，不見得我們會碰到。例如日本，年平均溫度8.5～16.6℃，年平均濕度63～77%RH（台灣年平均濕度75～90%）。所以，在日

本會有保濕的問題要討論，在台灣保濕的問題還不會存在。

　　講明白一點，因為全球暖化，而加強保濕，只會過度增加肌膚的負擔，讓肌膚處於悶熱之外，還要外加「潮濕」，反而有害無益。

 EXPERT REMINDS

☆ 因應暖化的環境品質下降，外出時的防曬與隔離的保護必須全年無休。
☆ 除了抗氧化成分，強化肌膚免疫力的成分、維他命礦物元素等，都是強健肌膚的必需能量。
☆ 適度洗臉、加強清潔敷臉，才能確實清除掉代謝物與有害的環境污垢。

✳ HOT TOPIC

頭髮的彩妝師～解讀染髮乾坤，保障染髮安全

PHENOMENON

2007年2月初，農曆年前半個月，正是大家整修門面迎新年的美髮業黃金期，消基會發佈了市售染髮劑，約有六成含有PPD的過敏原。2004年10月英國發生使用某國際品牌染髮劑致死事件。兩起事件均造成媒體廣泛討論。

標榜不含PPD、強調純天然植物性染髮劑的商品，進口的、本土的，大發危機意識財，空前大熱賣。

據調查，台灣有七成民眾有染髮經驗，有一半的人選擇DIY染髮，白髮染黑髮的市場佔30％。消費者的染髮需求很大，對染髮的負面報導也會格外留意。

致死事件，後來已澄清乃該婦人自身健康狀況不佳造成。PPD到底對人對皮膚的健康危害到什麼程度？如何避免傷害？消費大眾，可沒心研究了解這麼多，轉買所謂的不含PPD的商品就對了。

而我最痛斥的就是這些「假不含PPD的產品」，消費者會基於「信賴」而不設防的使用；但真實的情況是，所含的PPD量更高，消費者因「無知的信賴」，願意付更高的價格購買，但反而受害更深。

 RISING

為什麼那麼多染髮劑要用PPD？

什麼是PPD？PPD的化學全名是Para Phenylene Diamine，中文是對苯二胺。有其他的寫法，像是p-Phenylenediamine、1,4-diaminobenzene等，都是相同的成分。**PPD是染髮劑中主要的接觸性過敏物質**，目前德、法、瑞典等國家，已禁止染髮劑使用PPD，**台灣則限制濃度不得超過4%**。

但即便是在規定濃度之下，仍會因為個人膚質差異，常有過敏症狀發生，像是立即的皮膚發紅、發癢，隨後的紅腫、濕疹等。

此外，PPD也會破壞人體內的血球、阻礙代謝而造成貧血，並且被懷疑可能引起乳癌、膀胱癌等。至於人體要累積多少劑量才會致癌，目前仍無定論。

PPD做什麼用？PPD是色料的半個身子。以兩節式的AB組合玩具為例，PPD是A部分，必須跟B部分組合牢靠後，才能顯現出玩具的全貌——也就是

想要的染髮劑的顏色。

一般藍紫色調、灰黑色調、棕色調，必須強力借重PPD來當組合的A部分，而其他紅、黃、綠等色調，則使用結構類似於PPD，但立即過敏現象較低的物質為A部分。

所以，你會發現同一個品牌的染髮劑，有些強調不含PPD，有些則無。其實是「色調」決定採用什麼成分當A部分。

而為什麼市售的染髮劑有六成使用PPD？答案就很清楚了，因為**在台灣棕色～黑色的染髮劑需求量大**啊，黃色、紅色、綠色，這麼前衛的顏色，銷量有限啦。

 *RISING*

如何避免用到含PPD的染髮劑？

PPD一定是使用在永久染（Permanen thair dyes）的。永久染劑，才需要將色料拆解成兩部分（A與B），等滲進去頭髮後再組合。

兩劑式的染髮劑中，PPD放在第一劑裡。粉劑式的染髮劑（使用前加水或其他液體混合者），就含在粉劑裡。

所以，**只有選擇「永久染」或者強調「染後不易掉色」的染劑，會有PPD的疑慮。**

另外，很重要的一點，市售的染髮劑，因為顏色眾多，所以每一個顏色編號，就需要申請一個衛生署核准字號。例如，進口品牌得申請「**衛署妝輸**第XXX號」，國內品牌必須申請「**衛署妝製第XXX號**」，才能上市販賣。

如果你很在意PPD，那麼一定要**將包裝盒上的字號（或產品中英文名稱、代理商、製造工廠等皆可），上衛生署藥檢局網站確認一下**，有沒有含PPD，含量是多少，真相大白。

網站提供如右：http:／／203、65、100、151／DO8180、asp

RISING
植物性染髮劑，還是有PPD？

我頭上的白髮，有過不下十次的染髮經驗了吧。去年一個偶然的機緣，朋友寄來了聲稱來自**印度原裝的「指甲花純植物染髮劑」**，說是非常安全、染後柔順，可以整頭塗上去戴上浴帽，一小時後洗掉。我也上網了解一下這個產品，果然好多忠實客戶正陶醉在「從此染髮不用擔心致癌的陰影中」。而且不吝相走告好友，網路賣到斷貨。

我看了包裝盒上的成分，分明含PPD，竟還訴求天然？我還是做了「含藥化妝品許可證查詢」的動作，果不其然，如我所料，這個「衛署妝輸字第007691號」的粉末染髮劑，跟一般的化學染髮劑的組成，如出一轍。

網路上，拚命吹噓草本染髮劑、100％純植物性染髮劑，然後用力舉證PPD有多可怕的報導的，以混淆消費者的情緒來行銷，但自己賣的產品並不安全的品牌，還有衛署妝製字第003992號、衛署妝製字第003045號等。

還有一些強調綠色環保、拒絕被污染概念的團體或品牌，引進的「天然、安全」染髮劑。我進原廠網站了解，**原廠分明標示含PPD，但引進台灣卻變成最綠色環保的染髮劑。**怎麼闖關成功的，我不了解，但台灣的消費者，太無辜了。

也許你認為我太尖銳，連字號都寫出來。我必須再次強調，我關心使用安全，高於關心消費者的荷包負擔。

 RISING

安全措施做對了，才有意義

PPD，並不是一粒屎，壞了一鍋粥，撈掉就沒事。**染髮劑中所使用的主力成分，不論是第一劑的A部分、B部分，第二劑的雙氧水，對皮膚全都不友善**，分子都很小，進到皮膚裡，都有一定程度的傷害。PPD的分子大小，只有108道耳吞。另一半組合，不論是哪一種成分，分子量也必須在200以下，再大就進不了「門（毛鱗片縫隙）」了。

一份法國研究報告指出，採樣法國市面上出售的200多種「染髮劑」進行試驗，結果證明，90%有致突變、致癌性。類似的試驗，美國也做了相呼應的結果，試驗市售169種氧化型染髮劑，150種有致突變作用。

所以，請把焦點轉移到「染髮劑」上來，不是抽離PPD就沒事了。

染髮最重要的概念是：不讓染劑接觸到皮膚。

怎麼做？頭皮，染髮前，至少兩天不洗頭，目的是讓頭皮充滿油脂膜保

護。不用雙效洗髮精或護髮乳，確保染髮順利著色。頭髮與皮膚交際處，染髮前塗上像是凡士林之類，高油度高封閉性的產品保護。

　　因為，滲入肌膚會造成傷害的染劑，不論是第一劑的A部分、B部分、鹼劑，或第二劑的雙氧水，都是水溶性分子。所以，只要油脂防禦牆夠密實，就不會有闖關成功的機會。

　　想到自己的年紀還「輕」，如果有幸活到七十歲，那至少還有二十年以上的染髮煩惱。除了盡量減少染髮的次數之外，還是得積極的想辦法捍衛安全才行。年輕的帥哥美女們，當你十幾歲就開始染髮，如果也有幸活到七十，你會知道，染髮的安全防護，對你有多重要。

EXPERT REMINDS

☆ DIY染髮劑與美髮沙龍的染髮劑，都存在相同的安全疑慮問題。不洗頭、只噴濕頭髮的染髮，比簡單洗頭後再染髮更安全。

☆ 出油量不夠的頭皮，染髮前有必要再補強油脂膜於頭皮上。

☆ 不要輕易相信植物染。染髮劑是含藥化妝品，有「字號」表示一定含有規範成分，沒字號的，要看提出的公正單位測試報告為憑。

你最在意的保養疑慮

HOT TOPIC

就是愛無防腐劑化妝品？
掌握不含防腐劑的10大要件

 PHENOMENON

　　巧合地，最近幾個雜誌記者都問「防腐劑」的問題。問到「常用的防腐劑有哪些？」「比較安全的防腐劑有哪些？」「危險性高的防腐劑通常會在哪些保養品裡出現？」「防腐劑對人體與皮膚的傷害有哪些？」

　　有一群綠色環保、拒絕污染的擁護者，推廣選用天然有機、無毒、無防腐劑的保養品，但目前的保養品技術，並無法提供這樣的商品。

　　關於防腐劑，問題可小可大，答覆也可簡可繁。我從不認為記者的問題很「驢」，因為記者問的，象徵著閱聽大眾的需求。但是單純的課題，若是以盤問、討論的方式來進行，反而讓人「由不太了解，變成更不了解」，對真相的

認知並無實質的幫助。換言之，雜誌就算把防腐劑的議題做大，還是會讓讀者「霧煞煞」，無所適從。

事實上，消費大眾對防腐劑應有的認識，不在於精準知道防腐劑的種類或名稱，**而是「獲知如何選擇低防腐劑的保養品」與「了解降低防腐劑風險的保養方式」**。因此，這次的主題，就跟大家一起來談談：如何才能免於落入防腐劑的恐慌。

 RISING
防腐劑、防霉劑、抗菌劑、殺菌劑，不同嗎？

幾年前有個直銷品牌找我去上課，對我課程講義裡的「防腐劑」字眼感到不安，跟我商量「能不能把該成分說是殺菌劑，而不要說是防腐劑？因為直銷商滿介意含防腐劑的。」我欣然答應。

因為不論叫做防腐劑、防霉劑、抗菌劑或制菌劑，在使用上的意義是相同的。差別在用量上，**用量低時稱為防腐劑、制菌劑；用量高時，稱為殺菌劑**。

防腐劑對人的危害程度，也跟用量有關。同一種防腐劑，用量過高，皮膚會起立即的過敏紅斑反應。濃度適宜，皮膚雖不立即起排斥過敏的表現，但仍有**透過皮膚被人體吸收的積存性傷害**。

從防腐劑的類型來說，防腐劑當然也有毒性大小的差別。有些產品確實使用了毒性較高的防腐劑。

而**為什麼要這麼做呢**？

一、製造商的無知，沿襲以往的習慣未跟著時代提升進步。（是否不知者無罪？

或者是政府規範上的疏漏？）

二、成本考量與防腐效果考量。（新的、安全的防腐劑有些確實貴了些，相同防腐功效下，防腐成本增高。）

RISING

為什麼一定要加防腐劑？

不久前在一個室內溫度24〜27℃左右乾爽的十月天，黃昏時刻在住家附近很知名的麵包店，買了兩個一盒裝的小麻糬。隔天早上七點，孩子要當早餐吃，竟然明顯發霉了。幾天後，再去買麵包時，向櫃台小姐問了一句：「你們的麻糬做好了會賣幾天？」她不假思索地回覆：「每天早上做，當天賣，回家後兩天內要吃完。」我真的相信她的說法（我不太會懷疑人），但還是優雅的告訴她，買的麻糬，隔天上午就壞了。她回答：「因為我們不加防腐劑，可能是你家太潮濕的關係吧。」

我沒再多說什麼，只是在想：不含防腐劑的產品，帶回家後壞掉了，恐怕得自認倒楣才行。這種很悶的事，我的生活經驗裡還不少呢。

同樣的**要提醒讀者：對於化妝品，不要太樂觀「不添加防腐劑」，更不要太相信「聲稱不使用防腐劑」**。不然，壞掉時錢已經付了，心情也會很悶。

不論化妝品的製造環境如何，要維持瓶罐裡的化妝品三年不滋生微生物，加入相當量的防腐劑，對製造者來說是最穩當無虞的作法。

反過來說，**消費者既然不能接受瓶裝內容物發霉長菌，就必須接受化妝品中含有防腐劑的事實。**

SEEING IS BELIEVING

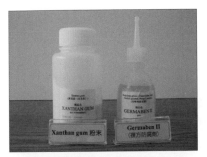

常用的植物膠質與複方防腐劑

（左）新鮮現配含防腐劑的精華液。
（右）新鮮現配不含防腐劑的精華液。

經過二十天之後，微生物滋生的情況比較。

RISING

真的有品牌不用防腐劑？

　　我們不能夠過於嚴苛地認為：「難道製造業者，就不能用別的辦法來克服發霉長菌的問題嗎？」

　　在要求「不含防腐劑又使用時不壞掉」，得消費者高度配合與支持才行得通。像是送羊奶的，每天一早送最新鮮的羊奶到家門口，當天清早喝最新鮮。不喝，冰溫保存個幾天，還不至於發霉長菌，但口感與平時接受的營養常識，都會告訴你：新鮮度下滑了、營養價值降低了、喝了壞肚子的機率增高了。

　　鮮奶、飲料、罐頭等罐裝食品，**凡是可以在包裝後連同瓶器一起高溫殺菌的產品，多半具有不加防腐劑的條件。**但食用者，得配合開封後盡早吃完為宜，壞了還得有自認倒楣的胸襟。

　　所以，要求新鮮無防腐劑，**關鍵在配合「最短時間內使用」與「未用完需冷藏」。**而這在化妝品的製造、配送、銷售與使用方式上，有很大的

差異性，實在極難做到。

因此，聲稱不含防腐劑的化妝品，**至少在以下要項中具備三到四個**，才好相信。

第一、容量極小。
第二、標示的保存期限短。
第三、容器經特殊設計，不易被環境或使用者污染。
第四、一次式使用的產品。
第五、乾粉型的產品。
第六、多元醇含量極高的保濕產品。
第七、酒精含量極高的產品。
第八、精油產品。
第九、純油脂不含水的產品。
第十，高無塵無菌室標準的製造環境。

 RISING

如何降低防腐劑的傷害？

「不用就不會有傷害」，自然就是美，不用化妝品主義者可以這麼說。但我不能這麼說，因為這於事無補。再來是，**追求不含防腐劑的化妝品，也不切實際。**

化妝品中的護膚保養成分，多半屬於天然的有機物質，像是胺基酸、蛋白質、醣類、維他命、植物膠等，**無一不是細菌的營養、微生物滋生的優良環境。**

一瓶營養成分很多，開封用很久卻不會壞的化妝品，你大可以理直氣壯地懷疑防腐劑是不是加多了。這種產品，不要拿來敷臉或做儀器協助導入吸收，只適合一般量，早晚日常使用。

未用完的高機能性保養品，以及週年慶掃回來的大批保養品，可以的話找個5～10℃的冰箱存放（現在很流行的化妝品專用冰箱，概念很好）。不只是降低微生物滋生的速度，也保存活性成分的營養價值。

面膜是加強型保養品，一個星期用一兩次就好，天天用，全臉強迫地跟加了高濃度防腐劑的精華液「泡」在一起，實在不是肌膚之福。

對於強化敷臉用的精華液，可能的話，選擇低防腐劑單瓶裝，在素淨的肌膚打底，再敷上純保濕以多元醇為主成分的面膜（多元醇就是甘油、丙二醇、丁二醇類的保濕劑），不只可以大大地降低防腐劑的傷害，活性成分的滲透效果，也會因為小分子多元醇的助滲透而比較好。

EXPERT REMINDS

☆ 不論是油性或水性的防腐劑，其分子通常都很小，是非常容易滲入肌膚裡被吸收的。

☆ 當保養品不是偏酸性或是防曬品時，擦（或敷）在皮膚上，卻有明顯刺痛麻感者，通常是防腐劑加過量或用了較具刺激性的防腐劑。

☆ 防腐劑的危害，不只是皮膚立即的過敏性反應，還有潛在性的累積性傷害。

☆ 優良的製造環境，是保障防腐劑不偏高的唯一籌碼。選擇有信譽的品牌，才能保障肌膚的權益。

HOT TOPIC

我想天天敷面膜？
敷臉，效益比勤快重要

 **PHENOMENON**

「面膜」，對文字記者來說，絕對是個不會被刪版面、能吸引讀者的編輯題材。常有記者採訪問題，是以Q＆A的方式進行。像是「面膜可以天天敷嗎？」「不同功效的面膜，可以交替使用嗎？」「長痘痘可以敷面膜嗎？」「清潔面膜敷完後，需要再用洗面乳洗臉嗎？」「敷完面膜後是否需要再使用其他保養品？」

其實，有些記者要的，只是受採訪者回答Yes或No（據說這比較是新人類

讀者喜歡的編輯型態），碰到長篇大論的我，有些會驚訝地表示，原來面膜學問還這麼大！有些則禮貌虛應一下，因為他要做的可能是「Yes派與No派專家大對決」的聳動標題。

站在「節省時間」的角度想，我的生活費不是記者供的，能簡單扼要答覆，對大家都好。但站在「張麗卿就是專業人」的執著來想，實不能忍受虛實難辨的採訪與斷章片段式的文字描述，卻套用著「據配方專家張麗卿表示……」

RISING

敷臉，其實很簡單？

面膜市場大、商品眾多。書市上、網路上，都誕生了談「面膜」的美容書。報紙、電視、雜誌與著作品，都時興「面膜功效超級比一比」、「最佳面膜推薦」、「最新面膜介紹」 等內容。

敷臉，學問真的有那麼大嗎？我不認為。

選擇優質的商品是一定要的，而不論是哪個牌子的產品，**使用方法正確，才能進一步討論到它的效果或優缺。**

就功能性來說，**「清潔類」面膜**，管它是泥膏式、成膜撕剝式、粉末現調式，甚至是濕巾、透明凍膠……，**使用後，再次用洗面乳充分洗臉就對了。**所以，清潔類面膜，不必花大錢購買滋養成分。

「保養類」面膜，選擇「用後不需再度水洗」的類型，較為正確實惠。泥膏、乳霜型等，非用水洗不可的，只選擇近膚溫的水，稍微清洗就好。**洗得越賣力，留在皮膚上的營養成分就越少。**

 RISING

面膜，為何要天天敷？

就清潔的需求來講，天天洗澡、洗頭是很健康的。重點是，不要用清潔力過強的劣質產品。臉不只是天天洗，還是早晚洗。所以，**天天做清潔敷臉並不為過，重點是產品要安全、不刺激皮膚。**

就保養的需求來說，皮膚隨時都有被照顧保護的需要，所以保濕、防曬、抗氧化、美白、抗痘、除皺等（因年齡與個人因素不同），天天持續進行，不放假。

而**保養敷臉，屬「強化保養」與「應急保養」的特別需求。**天天做加強保養，也是因應某些特別時候的需要，像是展現極佳肌膚狀況前（婚禮前、重要活動前），或者重度受傷後（嚴重曬後、果酸換膚後、受凍傷後）。

若想天天都擁有最佳狀態（像明星般隨時亮相），那**天天敷，只要不產生營養過剩或過敏起疹子發癢的現象，也沒什麼好忌諱擔憂的。**

我不只一次的在文章與訪談中提過：**面膜的防腐劑問題，也就是「肌膚安全」的隱憂。**作為一個專業人，關心消費者的使用安全，必須高於關心消費者的荷包能力。

RISING

做對敷臉配套，就不必天天忙敷臉

明星天天敷臉，甚至搶時間在飛機上、錄影空檔、開車的路上敷臉。我相信除了是愛美指數偏高的心理作祟使然之外，也是上鏡頭討生活不得不做的配套工作。

一般的上班族是很忙的（因為每一分每一秒都規律地配給家務與工作了），除了工作，晚上、假日，可能都還要外出去充電進修成長。就算有免費的面膜供你天天用，還不見得有時間或肯花時間用呢（也是我的心聲）。

每天下班回到家，身心俱疲之下，還有一堆未完成、待處理的工作與家事等著賢慧的你來做。要兼顧臉蛋的美麗，須有務實化的保養方式。**「爭取時間、講求效率」是上班族與知識分子才能接受的保養時尚。**

敷臉不論哪一種目的，**敷臉前「肌膚乾淨、無傷口、無皮膚病兆」，是基本要件。**

這包含面皰化膿滲血水當下、剛做過高濃度果酸換膚、高能量破皮雷射等時候，都不宜直接使用市售面膜。保存期限兩三年的面膜，含防腐劑、香料等可能引發傷口刺激的成分。

讓敷臉的預期效果明顯，就不會有必須天天敷的衝動或無奈。而**效果，有時候是由配合的道具與方法調整來決定的。準備好「保鮮膜、電暖氣、乾毛巾」，**讓我們一起來敷臉。

 RISING

怎麼敷，效果最好？

清潔敷臉

目標1.「黑頭粉刺、粗大毛孔」，不含油脂的泥膏面膜為首選。

目標2.「暗沈膚色、斑剝角質」，含角質分解酵素凍膠面膜為首選。

敷上厚厚一層，外加保鮮膜，保溫保濕並軟化毛孔污垢，二十分鐘後，水洗，再次用洗面乳洗臉。肌膚清潔細緻看得見。

保養敷臉

目標1.「保濕柔膚」，濕布類免洗面膜為首選。

目標2.「美白、抗老、除皺、抗氧化等」深層保養，活膚安瓶與貼布面膜分開者為首選。帶油脂滋潤性乳霜亦佳。

敷上後，**外加保鮮膜後蓋上乾毛巾，冬天以電暖氣取暖保膚溫，二十分鐘後，取下，以指腹按摩臉頸部，使肌膚微溫，幫助吸收。**最後擦上平時保養的晚霜。**剛敷完臉兩個小時內，不要擦含防曬成分的產品。**

 SEEING IS BELIEVING

15分鐘
前後的滲透速度比較

左：精華液稠度**適中** 右：精華液稠度**高**

15分鐘後左邊的往下，右邊的不動

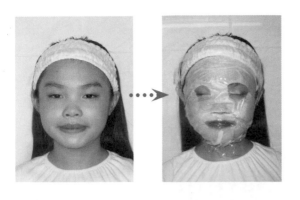

先打上精華液

↓

敷上高稠度面膜

↓

蓋上保鮮膜

↓

蓋上乾毛巾或暖燈照

 EXPERT REMINDS

☆ 在做提高吸收效率的道具配套方法之前，仍應先確定面膜本身的價值與安全。用會刺痛的面膜去加強吸收反而不智。

☆ 保養面膜組成太單薄時，可以利用高效精華液打底，提高敷臉的保養效率。

☆ 單純保濕性敷臉，化妝前敷就可以了，不需浪費晚上皮膚休息的時間。

HOT TOPIC

如橡皮擦般的去角質凝膠？賠上肌膚健康的魔術表演

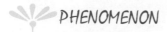

PHENOMENON

這兩三年來，幾乎已銷聲匿跡的搓屑型去角質凝膠，竟在開架式賣場、網路購物、電視購物頻道重新盛行起來。這使得沒有這類商品的廠家直跳腳，求救般地找我，想立即跟上這一波流行熱，推出這一類商品。

如果從記憶去推算時間，1970年左右，就看過跑單幫賣保養品的阿姨到家裡來推銷過。當時，才小學年紀的我，看著媽媽在臉上搓出好多橡皮擦般的屑屑，直覺得真是不可思議，媽媽的臉竟然這麼髒！

歲月流逝，從事化妝品教學研究二十年，2002年以前，不曾再想起這件事，也沒料到這樣的產品會再度重現江湖。直到近兩三年，課後學生問、同事

在沙龍購買、讀者來函、業界老闆頻問起，我才注意到保養品裡「多了」這種類型的去角質品？！對已經出版多本專業著作的我來說，實在感到學藝不精啊。

有部分時候，我會去追溯「不符合保養概念」或「誇大不實」的流行保養品的源頭，去解析它存在的意義！確實，這個讓人叫絕的去角質膠，有著頗多功效上與安全上的爭議呢。

RISING
屑屑不是角質，你也可以變同樣的魔術

能掩人耳目的魔術，是需要精良的道具配合的。所以，DIY族比較容易在「材料店」買到道具。

材料一：Carbopol的壓克力高分子膠粉末0.5克。

材料二：Cetrimoniumchloride陽離子型潤髮用界面活性劑溶液10c.c.。先將高分子膠粉末，用力攪拌溶於40c.c.水中，倒入陽離子溶液混合均勻即成。

你會發現：混合液有點白濁，選用的高分子膠，編號不同，白濁度也不太相同。而其實，**白濁就是「屑」的分散狀態。「搓」是幫助集中屑屑成堆、是逼出沈澱物**。膠帶陰電性，碰到大分子的陽離子，就會產生沈澱物。所以，不必在皮膚上搓，在玻璃板上或桌面上搓，都可以有屑屑的。

不想花錢買道具的人，可以利用家中的衣物柔軟精（帶陽離子性質），跟造型用的透明浪子膏或保濕凍膠，各取一些混合，也會看到類似出屑的效果。

SEEING IS BELIEVING

搓屑膠＆鹼液。當很酸的搓屑膠遇上鹼液時，自己就會產生很多屑屑了。

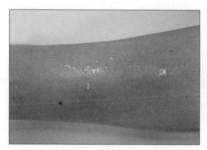

放在手上搓，就是你錯解的「角質」了。

 RISING

用或不用？注意凝膠的酸鹼值

　　有人堅持這些屑屑是沾有角質的，因為屑屑呈髒髒的顏色，（表示有黏到！）效果跟用乾淨的橡皮擦，擦去紙上的黑色鉛筆字的屑屑一樣。

這符合邏輯，跟我強調的「橡皮擦材料」並不衝突。因為，我們有共同的重點：就是不論如何，**不能因為要擦掉鉛筆字（角質）卻把紙（皮膚）給擦傷擦破了。搓屑型凝膠，最常見的是「偏酸的問題」**，酸度達pH3或更低是常有的事，這是為了確保白濁的屑屑不要太早在瓶器中就先形成，屑屑提早逼出，產品就會有水分滲出的現象，消費者的感覺，會認為是變質。

但這酸度對皮膚來說，實在太酸了（化妝品果酸的官方酸度規範都沒這麼低）。若刻意塗在手肘內側不洗掉，三十分鐘皮膚即起明顯發紅，伴隨著癢。這對皮膚實在是沒有任何好處，屬於會把作業本擦破的橡皮擦。換言之，**過酸的搓屑凝膠，是違反肌膚清潔保養精神的。**

另有一種先將壓克力高分子膠溶解於酒精中，搓到酒精全部蒸發，高分子膠屑屑就出現。**這一類搓屑膠，無酸刺激問題，但會有酒精刺激問題。**

 RISING

搓屑型凝膠，使用後皮膚滑順不乾澀，超優？

這當然，**越是這樣的效果，越是證明用的是「不宜接觸肌膚」的陽離子型界面活性劑**。跟衣物柔軟精、潤髮乳用的柔軟去靜電成分是一樣的。

我們知道**內衣褲、嬰兒貼身衣物，不要泡柔軟精。我們了解潤髮乳最好潤**

髮絲不要接觸頭皮。我們愛用這些產品，就是它可以創造柔軟。

但它對皮膚不好。所以拿來當搓屑的材料，雖然有附加的肌膚柔軟效果，但這種溫柔不是皮膚要的。

我瀏覽一個專門在試用各種保養品的心得分享網站，赫然發現，某開架品牌的這類產品，使用滿意度是最高分～六朵花。使用評價普遍認為用後肌膚觸感柔軟滑順。不禁感慨，**是誰掀起「試用」風氣的？這種膚淺的試用心得，足以積非成是，讓更多未具備化妝品正確知識的人，直接掉入錯誤漩渦之中。**

有人可以告訴我，每天試吃一顆普拿疼或阿斯匹林，要吃多久才可以證實對身體有害處呢？何必試？文獻資料早給我們答案。

試用搓屑凝膠中的陽離子界面活性劑，能證實對肌膚造成什麼傷害呢？同樣的，文獻資料早給我們答案。

RISING

就是超愛用，那該怎麼避免傷害？

在解決問題之前，先強調「我不用」。

搓屑膠用後，必須用「非皂類」的洗面乳來洗，才不會越洗越黏、越緊、越多。換言之，平時洗臉會起很多水垢的香皂、洗面皂、皂化配方等鹼性洗面乳，這時候用，只會把你弄得一肚子氣。因為，你快速的叫它們「酸鹼中和了」，所以會更大量出屑。

也有人是先把臉洗乾淨，再使用搓屑膠的若用的是鹼性洗臉產品，當然接

下來「屑屑」就會搓出很多啦（反正就是魔術、假的角質）。但至少，**臉先打了「偏鹼性」的底子，可以緩衝一下搓屑膠高酸度的殘害。**

　　用中性或酸性洗面乳洗過的臉，當然，能搓出的屑屑就比較沒有驚人表現。但若是先搓屑完再洗臉，**中性、酸性清潔品，就不會有餘屑沾皮的困擾。**

❋ HOT TOPIC

膚質糟透了怎麼辦？
七分靠清潔，三分靠保養

❖ PHENOMENON

　　有讀者問：「我的皮膚糟透了，要擦什麼保養品才有救啊？」也常看到報章雜誌上的廣告見證人提到：「我的皮膚本來很糟，自從用了ＸＸ牌產品之後，才重拾信心。」

　　學生也常到我跟前來問：「老師你看我的皮膚這麼糟，怎麼辦才好呢？」可能旁邊還有一個不服氣的調皮小子糗她說，我的才糟，才需要解救呢，她老是小題大作。

「糟」這個字，很好用，也很能表達當事者的感受。但是表達「症狀」時就很籠統，不知所云。一般來說，會說皮膚「糟」的年輕人，通常是粉刺面皰、毛孔粗大、乾燥脫皮或過度油膩。輕熟齡者的糟，通常是乾燥暗沈、敏感脫皮、粗糙、毛孔粗大、油膩。熟齡以上的糟，常是粗糙暗沈蠟黃、色斑、乾燥皺紋、角質肥厚。當然有些完美主義者的「糟」，誰也不了解。

這麼糟！怎麼救？生長因子嗎？高級人參嗎？整形嗎？都不是。買了間破舊老屋，裝潢、布置之前，得先花上大把功夫徹底清理才行。

 RISING

不要以為已經很會洗臉了！

「洗臉，可以洗出好膚質」。這是我在大學通識課程「認識保養品」的第一課。洗臉的動作，沒什麼學問，專櫃美容師、洗面乳包裝上的說明會告訴你。

你要清楚的是「洗臉的目的」。**清潔肌膚的要點是：洗掉臉上的負擔，不創造新的問題。**

所以，洗完臉時，覺得臉非常緊繃乾燥，甚至不擦任何保養品時還會看到角質翻起發白（男生有刮鬍子習慣者特別明顯），這就是創造了新麻煩。

臉洗完，皮膚留有些許的「油脂感」才是正常的。

按常理，十之八九的人會認為，這叫沒洗乾淨，洗淨力不夠。所以，再洗一次，或者認為應該使用清潔力更強一點的洗面乳。

如果你要靠「洗臉洗出好膚質」，那麼觀念得先修正與確認一下。**洗到整個臉緊繃，表示角質間的脂質被過度去除了**，這對皮膚完全沒有好處，只增加了非得用保濕產品的麻煩。

選擇「優質」的洗面乳是非常重要的。油性、乾性差異，只要調整洗面乳的用量即可。就像洗碗一樣，喝牛奶的杯子，跟吃了牛肉麵的碗，油膩度不同，洗碗精斟酌適量調整。洗碗精夠好，就不會傷手。洗碗精不好，用量少也一樣讓手粗糙。

RISING
臉沒洗乾淨，會長粉刺？

沒錯。但**洗乾淨，不是以洗出乾澀感來判斷的**。臉摸起來澀澀的，都已是清潔過度了。

臉上的髒污打哪來？來自皮膚「代謝的角質、汗水、毛孔冒出的油脂」，以及外來的「化妝品、環境污染物」。這些黏貼在皮膚上的負擔，只要洗面乳搓洗時，有足夠的泡沫存在，就能洗乾淨了。

卸妝油（乳），則是幫助洗面乳，處理附著力強的彩妝粉底防曬類化妝品，使用的時機，在洗面乳之前完成。

卸妝油對毛孔口漏斗區的油垢髒污，是具有比洗面乳更好的溶出效果的。

卸妝油是以較小分子的液體油，溶解半固化的皮脂油污。所以，多點時間按摩，讓皮膚溫度提高、皮脂軟化，都能更確實有效地溶出油垢。

洗面乳是以清潔劑降低接觸面的界面張力，就因為接觸面積不夠全方位，所以無法拔出半固化的皮脂油垢。

所以，有黑頭粉刺、毛孔阻塞、易發面皰困擾者，利用卸妝油來幫忙毛孔清潔，有絕對的幫助。只要記住，卸完妝時一定要用溫水來沖洗，多沖洗幾次後，再以洗面乳來洗臉。這樣，就能不殘留卸妝油於毛孔，也不會發生皮膚過於乾燥的問題。

 RISING

另一種你忽略的清潔關鍵

毛孔光清除漏斗區的半固化皮脂，其實還不夠。那就像浴室的水管阻塞，你只拿掉塞在排水口的頭髮而已，一時間是流暢多了。但更確實的作法是「疏通水管」。

毛孔口只是排油孔，要讓整個排油管道暢通，才是徹底改善皮脂阻塞、面皰桿菌作怪發酵的根本辦法。

泥膏清潔敷臉、氣悶式的敷臉、蒸氣噴霧式的蒸臉，目標一致對著毛孔。使毛孔在濕、悶、溫熱的狀態下，自然的擴張開，臉部溫度整個提升上來，原先已經分泌的沖脂、即將固化的油脂，都會一一的「流」出毛孔外。這樣，毛孔中沒有囤積過期的酸敗油脂、毛孔暢通呼吸自由，厭氧性的面皰桿菌無法運作，面皰不見了、毛孔縮小了、黑頭不再來，皮膚自然好了。

EXPERT REMINDS

☆ 乾乾淨淨，肌膚美之最。洗臉，不能洗到肌膚乾燥緊繃。清潔敷臉，每天敷也無妨。不用擔心會過度乾燥，乾燥是洗臉惹的禍。

☆ 夏天，勤敷臉、輕度保濕。冬天，勤敷臉、重度保濕，敷臉時記得幫肌膚保暖，效果才會好。

☆ 沐浴時間，先洗臉，繼續敷上泥膏，再開始洗澡、泡澡、洗頭等。最後再洗下敷面泥，用擠壓棒輕輕帶過毛孔粗大區，再用少量洗面乳洗一次臉，即大功告成。

✳ HOT TOPIC

化妝傷皮膚？
都是粉底惹的禍

✸ PHENOMENON

這幾年流行裸妝，各品牌密集地推出粉底慕絲、含極輕薄遮瑕力粉體的粉底液。夠輕透、易上妝、貼膚性佳等是共同的優點。年輕女孩，膚質好與化妝經驗少的人，這一類產品成了最易上手的入門品。熱賣程度可想而知。

很多大專學生，以擦上這一類服貼且高透度的粉底製品，來加強自信心。因為旁邊的男同學不太容易發覺，你動了手腳創造出好膚色。但是，日子久了，皮膚越來越糟時，新的困擾跟著出現。

我常提醒：**非必要時，不要用粉底液、粉底膏，而是盡量用壓粉、蜜粉或散粉。**不否認，妝要服貼最美。所以液狀、膏狀，最能完全跟肌膚接觸，延展出來的妝效最佳。但，相對的肌膚健康風險也比較高。

要做到周全的皮膚保養，**「選粉用粉」這件事是馬虎不得的，否則常會好不容易照顧好的肌膚，在化上一兩次妝之後，膚質就毀了，**要從頭再保養過。

RISING
好用粉底液的風險迷思

粉底慕絲、輕薄粉底液，不只年輕人愛用，連我這黃臉婆都覺得妝效特優。上菜市場擦一點，上個口紅，每個菜攤的老闆都說：「你的皮膚怎麼那麼好？」

但是，我要提醒讀者，因為你不太清楚成分，所以不能過度依賴或使用。**輕薄粉底液的組成：大約是15%的粉，其餘都是液體基質。**擦在臉上，除了粉之外，其他都是為了好塗擦利於延展而加的。這85%的液體，有部分會隨著膚溫蒸發了，有部分滲進皮膚裡去了。慕絲類的，情況也差不多。

倒是「粉」，用的是哪一種類，並不重要，它跟遮瑕力、妝效透不透有關，無關乎肌膚的健康。但**85%的液體基質，擦在臉上是有風險的。**有些滑順用的合成酯，對皮膚的健康大有傷害性，更會將香料、防腐劑等小分子，協助滲入皮膚裡。

所以，我一直奉勸年輕人，**皮膚本錢好，膚色佳，用蜜粉、散粉、壓粉、腮紅來修飾臉龐就足夠了。**這些乾粉類產品，只含約5～10%不等的黏著劑，

使成餅狀或易於貼膚。對皮膚的傷害微乎其微，就算有香料、防腐劑，對皮膚的威脅也小多了。

RISING

寶貝肌膚，依場合需求選粉

其實每個人都需要有第二款、第三款不同功能的粉底，來提供自己不同場景的需求搭配。換個角度來想，**多款的粉底，不只是提供不同的妝效，更提供自己有效的「保養管理」。**

以我為例，我可能有幾個場景，必須使用不同的粉底。

第一，平時上課日。（適當的防曬功能、修飾膚色的清淡妝。）
第二，假日休閒旅遊。（合理的防曬係數、不脫妝的粉底。）
第二，出席公開活動場合。（修飾性較佳的粉底）

從方便性來看，三個場景，可以使用同一款粉底。只要粉底的品質夠好，掌控粉的用量，一樣能克服，沒有一定得分三瓶的必要（感覺上較經濟）。

但是，從保養的觀點切入的話，分開成三瓶，對肌膚的保護效益最大。

因為，平時上課日上妝時間長（在有中央空調系統的大樓上課做研究），但除了上班途中的開車時間之外，不會有太多曬到太陽的機會，開車時利用遮陽帽、口罩、袖套遮陽，粉就不需要高防曬係數。

配方簡單的，對皮膚來說，就會減少一些不必要的風險。對粉製品的品質要求，也可以較放心的單純以「粉質的細緻度」作為考量的依據。

對只需要極淡妝的場合，粉餅、蜜粉是很好的選擇。也因此，我上班日，多選擇用粉餅化妝。

假日旅遊，除了防曬，還要注意擦在臉上的粉底，得要不脫落。除了流汗浮粉有失美感之外，粉流失了，防曬的機制自然也沒有了。旅遊日，除了例行防曬ABC（Avoid、Block、Cover）之外，我會用防水耐汗的粉底。

出席公眾場合，絕大多數是有冷氣空調的會議室，或較強燈光的舞台式講堂。這時，粉底的厚度要足以修飾膚色與臉上的斑點瑕疵，此外要注意到皮膚的保濕，避免長時間下來，逼出小皺紋來破壞美感。這種粉底，當然不需防曬、防水，徒增皮膚的疲勞。因此，這時我選擇不具防曬效果的高滋潤型的粉底霜。

細心的您，想想看，自己需要幾款粉底。想清楚了，才能針對不同需求選擇。

RISING

護膚與化妝，須完美銜接

不論濃妝或淡妝，粉選錯了，濃淡都傷肌膚。當然，只選對粉，還稱不上是護膚式化妝。讀者必須了解保養與化妝是有區別的，**並非保養成分加在彩妝製品中，就會有保養效果。**

護膚化妝的基本原則是：「**基礎保養，在化妝前結束。化妝、防止外來侵害，在保養後完成。**」像是保濕、抗氧化、抗老、除皺、美白、修復、抗敏等訴求的保養成分，一律在基礎保養即完成。隔離、防曬、防水、防異物侵入等

訴求的成分，則在粉底彩妝中含有。

1 護膚化妝第一招：先做好保濕

保濕，是先把皮膚餵得飽飽水水的，讓角質層吸含足夠的水分子。

至於臉會出油，怎麼辦？最聰明的方式是：化妝前先做好調理油脂的工作。所使用的化妝水，就該使用含有油脂調理成分者。或者使用含高分子粉體的吸油產品，在容易出油的部位先打底。

2 護膚化妝第二招：簡化保養品的機能性成分

化妝前的保養品，不要含有化學防曬成分。

除皺成分，不要是維生素A酸（VitanimAacid）、維生素A醇（Retinol）、高濃度的果酸等。

美白成分與粉製品的衝突性不大，維生素C衍生物、熊果素、傳明酸等，都可於妝前保養用。較高濃度的美白產品，例如濃度高達20％以上的維生素C。**這種濃度偏高的美白品，並不適合在化妝前使用**。除了會干擾粉底的安定性之外，高濃度美白成分或活膚成分，都是在皮膚完全清潔、無負擔、準備休息時來使用較合適。臉上有妝，皮膚透氣性降低，不適合高濃度保養品。

抗敏，倒是現在很流行的訴求。一般說來，用於抗敏訴求的成分，不論真實功效如何，對皮膚都相當的友善。所以，化妝前的保養，使用抗敏成分是合適的。

3 護膚化妝第三招：拿捏抗日分寸

不知從何時開始，「防曬」幾乎成為粉底製品的基本功效。每一種粉製品，都強調防曬。

粉製品的防曬機制有兩個：一種是利用具防曬力的粉體，另一種是加入紫外線吸收劑。**訴求雖相同，但長久用在臉上，對皮膚的影響是不同的。**

粉體自身若具防曬性，一來不油膩，二來不傷肌膚。白天、晚上都可安心使用。若是另外添加了化學性防曬劑，就只能白天使用，晚上避免。化學性的防曬成分，以提高添加量的方式，創造高防曬係數。

站在降低皮膚刺激的角度上來選擇，**減少使用化學性防曬劑是最佳的保障。**

但站在完全防曬，避免皮膚因光害老化、變黑的角度來選擇，**高防曬係數是必須的**。所以，讀者必須搭配時間、場景，交替使用適合的粉底。

4 護膚式化妝第四招：選擇不脫妝的粉

有些粉底，剛上妝後一兩個小時內妝效頗佳，但時間一久，出油、浮粉、脫妝……狀況百出。用了這樣的粉底，漂亮不能持久，根本沒勇氣出門。

另外有所謂防水、抗汗的粉底製品，即使流汗、出油，都還可維持一定的妝容。這種不脫落的配方技術，說來神奇，但也令很多人心生恐懼。心想，粉黏得這麼緊，會沒問題嗎？

究竟，哪一種才是符合護膚概念的粉底呢？

為了寶貝肌膚，也不乏拒絕使用防水防汗粉底的化妝族。因為按常理判

斷，強附著，一定使了不太健康的手段在其中。

其實，**防水抗汗的粉，不見得對皮膚沒保障**。反而，容易出油、浮粉、脫妝的粉底問題不少。

防水防油的配方機制有兩種：一種是粉體本身是高分子聚合物，或粉體表面經過改質處理，也就是粉本身是不受油、水浸潤而改變性質的。

另一種防水，則是加入撥水劑，即在配方基質中加入高附著力的防水成分，使在皮膚表面形成抗水膜。

不論如何，這樣的粉製品，還有防止外來物侵入的附屬功用，對現今趨向惡劣的生活環境來說，也算是一種環境隔離保護。

EXPERT REMINDS

☆ 粉底彩妝品，只需尋找對肌膚安全無負擔的，不需刻意追求添加豐富護膚成分的。

☆ 化妝是現代人的基本禮儀，化妝就像穿高跟鞋，從鞋子的設計、穿法等，想辦法減少腳部的傷害。不化妝，就像穿平底運動鞋，腳自然較輕鬆健康。

✻ HOT TOPIC

化妝水可有可無？
一瓶搞定的有效保養

✿ PHENOMENON

一個採訪問到化妝水的問題，談了近一個小時，對方跟我做了一個簡單的確認：「您覺得不一定需要就對了？」我也答覆，基本上是如此。於是，雜誌刊出時，以三對三PK賽呈現，我被放在NO派，然後冠上「我表示的」令人感到啼笑皆非的理由。

常有讀者問：化妝水為什麼要加酒精？某名醫出書並在記者會上說化妝水的酒精，會使皮膚越用越乾。到底要不要用化妝水？還是只要不用含酒精的化妝水就可以呢？

多年來，每星期光是接受文字記者的採訪，時間不下五個小時。但呈現出

來的，頗令人失望啊。因為斷章取義過了，因為媒體總喜歡一次問好多人，然後，你一句我一句他一句的穿插在報導的文字中。

當專業人的分量，跟明星的語言、資深記者的看法、品牌的公關說法，劃上等號時，我必須堅持，除非是專訪專文，不再配合這種以「多元豐富」為幌子，卻大玩欺騙愚弄讀者，只求暢銷不負責任的採訪。

感慨現在的大環境，**訊息式的報導滿天飛，卻少有正確完整的知識性**。也只有再度辛勤的寫書，才能將「完整、正確知識」傳承下去。

RISING

化妝水的配方最單純

若說「化妝水就是含有酒精」，研發製造者會笑到掉牙。含不含酒精，是人在掌控的。目前市面上的化妝水，因應各種不同場合與需要，有八成以上是不含酒精的配方。一成含酒精，但是怎麼也感覺不出來的。另外的一成是酒精用量明顯的。

加酒精的目的有三種：**一種是油性痘性肌膚專用，創造清涼感與殺菌作用的**。這一類，通常酒精味道明顯，拍上去清涼感十足。

另一種是為了溶解特定成分而使用的，一般用量極低，聞不出，也感覺不到，只在成分欄中看得到。

還有**一種最傳統的作法，把酒精當作滲透助劑**，一般這種化妝水是很強調機能性的（藥草類配方較會這麼做，水楊酸也常這麼做，其他的少之又少）。

早期總會說，化妝水是拿來保濕的。但這幾年的配方趨勢早已改變。化妝水已跳脫制式化的訴求，所以也沒有一定的功效，甚至保濕也不見得是必備功效呢。

但化妝水的配方架構，除了近八九成的水之外，仍以水性成分居多，主要是保濕劑、活膚成分等，外加1%以下的防腐劑，選擇性的添加極少的色料、0～2%以下的香料、1～2%的可溶化劑等。

從配方的複雜度來說，化妝水使用的修飾劑可以控制到最少，相對的安全性就可以提升到最高。

最安全的情況是，避開酒精（聞不出來即可），搖晃不起明顯的泡沫、避香料、避色素。這樣的化妝水，就成為最高安全的保養品。

RISING

保濕化妝水的價值

保濕化妝水，當然是在保濕劑分量上加碼。保濕劑，就是幫助抓住（網住）水分的成分，可分為大分子與小分子者。大分子的像是玻尿酸（分子量大到1,000,000以上，小一點的也有100,000）、幾丁質（Chitin）、納豆萃取（γ-PGA）、膠原蛋白等。小分子的像是甘油、雙醣類、海藻糖、山梨糖等。

還有一類「保濕因子」，是由胺基酸、PCA、乳酸、尿素、無機鹽、有機

酸等小分子組合而成。其中胺基酸比例最高40％，PCA12％次之。**保濕因子的作用不在抓水，而在維持皮膚的自我保濕能力。**

對於老化、保濕力下降的皮膚來說，補充胺基酸類的活膚成分，才能改善皮膚的保水力。

對於夏天高溫、高濕環境來說，大分子的保濕劑，只會增加皮膚的負擔。小分子的保濕劑，也不必太多（因為皮膚根本不缺水），只要補充保濕因子類即可。

對於秋冬或冷氣房，溫度低濕度低的時候，大分子的保濕劑就能派上用場。但還得有點封鎖性的油脂膜來延緩水分散失。冬用化妝水或含油脂的化妝水，一般會處理成白濁化的水乳液型態，甚至加了高分子膠質，質地上帶點稠度，用以加強抓水力。

保濕化妝水型態	適用季節或環境	最適搭配成分（重要、次要、不需要）
清清如水型（不起泡、不黏膩）	盛夏戶外用（悶熱）梅雨季（高濕度）颱風天（高濕高熱）	重要：保濕因子、胺基酸、礦物元素、維生素群 次要：小分子保濕劑 不需要：大分子保濕劑、油脂
高保濕清澈液（不含油脂、帶黏膩感）	盛夏戶內用（冷氣房）春夏、夏秋季節交替時春夏秋低濕度的天氣	重要：小分子保濕劑、大分子保濕劑 次要：保濕因子、胺基酸、礦物元素、維生素群 不需要：油脂
水乳液、帶稠度化妝水（含油脂、帶黏膩感）	秋冬用乾冷季節用	重要：小分子保濕劑、大分子保濕劑 次要：油脂、高分子膠、保濕因子、胺基酸、維生素群

化妝水的另類價值

很多人問我怎麼保養，我常說，洗完臉後我「只用一瓶精華」全臉搞定。而這一瓶當然是市面上買不到的啦。這一瓶精華的質地是稀的，也就是不含高分子膠（不阻塞毛孔汗孔），選擇性的加入我自己要的成分，海藻萃取、維生素B3、胜肽、酵母萃取、燕麥萃取、Q10等等，用水與小分子保濕劑溶解稀釋。

在夏天，我不用高分子保濕劑，實在不需要。到了冬天，我會在這瓶精華裡，再加點玻尿酸、神經醯胺（Ceramide）、大豆異黃酮、磷脂質等油性成分。搖一搖再使用。

其實，不需要去忍受像蒼蠅氈般的觸感。所謂的高保濕，必然帶有黏膩感。但台灣的天氣，一年有300天不需要這麼做。

一瓶好的、高機能性化妝水，提供的是肌膚必需的營養，不是黏黏的保濕。太保濕，只會讓皮膚起粉刺過敏（因為你創造了讓皮膚浸泡在水分過多又悶不透氣的環境，皮膚不發霉發爛、滋生細菌也難）。

高機能就可以有很多選擇，像是主力在美白或抗氧化或活膚或除皺抗老。選對了你要的機能性，化妝水的保濕力一般沒有帶稠度的精華液來的高，是非常好的夏日一瓶搞定的保養聖品呢。

對化妝水的錯誤依賴

很多人習慣購買較廉價的化妝水，因為用量大，要精打細算些。何以用量大？因為要先倒在化妝棉上再使用啊。為什麼要倒在化妝棉上？因為要用化妝

水再次清潔皮膚。

OK，暫停，抓到問題了。化妝水不是拿來「清潔」用的。**可以沾在化妝棉上擦出污垢的化妝水，不要再用再買了**。因為，必然含有相當高濃度的可溶化劑（界面活性劑的一種）或者酒精。這種化妝水有兩種特性。一種是搖一搖，泡沫豐富又久不消泡。另一種是酒精味很重，但不太起泡（因為酒精有消泡作用）。兩種對皮膚都是不好的。**臉沒洗乾淨，請檢討洗臉的方式**。臉若擦不出什麼髒東西，幹嘛這麼做？

有些人認為化妝水的使用，可以幫助後續的保養品更有效吸收。這個觀念是正確的。但必須注意，**不要試著自己亂搭配，譬如說A牌化妝水+B牌精華液+C牌隔離防曬乳。最好選擇同一個牌子就好**。

為什麼呢？因為化妝品配方的活性成分越來越多元，衝突機會越來越大了。

衝突是什麼意思？譬如說A牌的化妝水含有很多礦物離子、鹽類，B牌的精華液，使用的高分子膠會與礦物離子錯合（化學性結合），結果就會有橡皮屑現象，然後功效盡失。

為什麼化妝水具有協助吸收的價值？這個價值點，立足在化妝水普遍使用小分了的保濕劑，這些保濕劑是具有溶劑滲透效果的，所以讓臉透過化妝水打底之後，後續的精華（較黏稠、分子較大）才能順利的卡位到皮膚的各個間隙。

 SEEING IS BELIEVING

（藍色）含1%可溶化劑，（紅色）含1%可溶化劑 ＋ 10%酒精的化妝水。搖後靜置20分鐘，仍無明顯的消泡。

EXPERT REMINDS

☆ 化妝水使用後皮膚整天黏黏的，對你來說，表示保濕過當了。

☆ 化妝水的保濕力，只要讓皮膚不會緊繃乾燥就夠了，重點是還提供
   了什麼護膚價值。

☆ 高濃度酒精化妝水，只適合面皰型肌膚階段性療程使用，不宜長
   期。含酒精的化妝水，會破壞角質自身的含水能力。

✳ HOT TOPIC

準新娘該做臉保養嗎？
只與預算、意願有關

✲ PHENOMENON

一個年紀不小的學妹近日結婚了。畢竟是大學教授，金錢不虞匱乏，所以婚前的行頭投資不小。減肥塑身、美容保養，全找專業沙龍「監控」品質。另一頭，在行政大樓辦公的小職員，一個月三萬多元的收入，也在試婚紗時拿了保養課程的體驗券，超出原計畫的花費，買了新娘特別護理療程。

結婚，人生大事。就算一生不只一次，但每錯過一次，下一次鐵定比較老、比較醜。所以，為了「典藏最美的一刻」，咬緊牙，刷卡先買單再說。

配合六月新娘話題，與報紙做了個準新娘「在家」密集護理保養的單元。採訪問答中，發現到要當個漂亮新娘，壓力還真不小。不只是臉蛋、身材，還

有前胸後背等，都得「露」出來近距離秀給親友看的（其實大家都只是隨便看而已，是當事者自己在乎啦）。

而如果你是忙碌的上班族，結婚還是抽空撥時間來舉行的，那麼，很多護理保養就得自己按部就班來。提早一個月做保養，一百分的美麗新娘，也能在忙碌的生活中同步辦到。

RISING
第一個星期做什麼？

把婚前「四個星期」作為保養週期來分配，腦筋會清楚一些。

首先，要切記**任何年紀都會因為壓力而冒痘痘。所以，請千萬放鬆心情、調整作息、規律飲食，別在這一個月長新的痘痘**。痘痘的治療到痊癒，耗時最久，是短期保養中，最難處理與改善的大麻煩（**萬一真長了，不要急於擠它，讓它熟透自然掉落，反而痂與色素會輕些**）。

其次是，開始整修門面，先來個肌膚深層大掃除。

用一週的時間，進行居家型高濃度果酸（8～10%）換膚。市面上居家果酸產品，大概有三類型。

第一種兩段式使用，先擦酸劑，待約十分鐘，再用鹼劑中和。這一種，較適合中性～乾性肌膚者。短時間中和掉酸度，可以減輕果酸的酸刺痛感，也減少過敏起紅疹反應。

第二種精華液型，直接使用，用完不擦掉留在皮膚上。選擇上，還是要酸度夠才有用。這一種，油性肌、健康肌膚、痘性肌都可用。果酸能留則留，去角質效果能更明確。

第三種是含矽型精華凝乳，也是直接使用，用完不擦掉。因為組成中含水分極少、滲透速度又較慢，所以酸刺激感最低。一般果酸製品無法使用的敏感型肌膚者就非常適合。

使用果酸，一定要天天早晚勤勞密集的用，不要有一搭沒一搭的停停用用。第一週的密集護理，像是在做馬路更新的路面刨除工程。一鼓作氣，才能刨得恰到好處。

招架不住果酸的，就只好退而求其次，使用其他平時肌膚不會起過敏反應的去角質法，像是角質分解酵素類產品，效果與速度自然會差一些、慢一些，但仍以肌膚能適應為前提。

第一週換膚期間，對於白天的陽光，帽子、陽傘、口罩能遮盡量遮。少在這時候使用高防曬係數的「粉底液」，或貼膚性過佳的粉底製品，也少直接擦上化學類防曬品。**多改用蜜粉、壓粉類上妝就好，讓皮膚盡量休息。**

同期間，選擇高機能的護膚精華類產品使用，像是含胺基酸、胜肽、維生

素、抗氧化類、酵母類萃取等，使肌膚有機會高效率吸收這些物質，供養新細胞最適養分。

六月新娘天氣轉熱，精華液之外，不需要再蓋上什麼滋養霜了。十二月新娘，則要多加一層霜質保養品，提供油膜避免乾燥感。

RISING

第二個星期做什麼？

過了換膚期，**第二週開始打掃平時不好處理的髒污～毛孔的清潔。**

每天晚上，都得做清潔泥膏敷臉。敷臉時，再加蓋上一層保鮮膜，使毛孔溫度提升且軟化皮脂污垢。十二月新娘，保鮮膜之外，還須用電暖器輔助，確保二十分鐘肌膚的溫度與毛孔皮脂的軟化。

洗去泥膏後，立即清潔出軟化的皮脂（用擠壓工具協助力道較均勻）。這個清潔保養，是不分乾性、中性或油性肌膚的，不需擔心泥膏會把油吸得太乾燥。

偏油性肌膚者，與黑頭粉刺多者，在洗去泥膏後，用蒸臉器再度蒸臉，加強軟化皮脂油垢的效果。並且清潔完畢後，讓肌膚自然透氣二十分鐘，讓毛孔的油管暢通一下。

泥膏清潔敷臉產品的選擇，可依個人膚質稍做調整。油性肌，選擇具油脂調理成分的品牌。乾性肌、肌膚暗沈、痘疤色斑明顯的，選有角質分解酵素品牌。敏感肌則選擇含強化免疫成分、消炎鎮靜成分品牌。

原則上，不要選擇含明顯油脂滋潤的、或乳化再製的敷面泥。盡量是泥多、會整個乾燥緊繃那一類，毛孔清潔效果才會好。

深層清潔完後，第一週使用的高機能精華，持續使用不要中斷。

 RISING

第三個星期做什麼？

泥膏清潔敷臉，兩天做一次。第一、二週使用的高機能精華，持續使用不要中斷。

有背部長痘痘或背部角質粗糙者，開始進行密集保養。

背部偏油、長痘痘。洗澡時，天天用最便宜的去頭皮屑洗髮精（不強調潤髮、滋潤效果的），配合澡巾洗背。可以在兩星期內有效解除背部痘痘困擾。

洗完澡後，以含果酸噴劑（可將8～10％高濃度果酸，用水稀釋三倍，裝在小噴瓶中使用），作為背部化妝水用。

手部與腳部的去角質，這時候可以開始。腳丫子，在洗完澡後角質最軟化時，做磨砂膏的按摩去角質（可以兩天做一次，配合清潔敷臉的時間，同步進行）。

手部的護理，則可以在睡前擦上臉部用的高機能精華，再上一層乳霜後，戴上手套睡覺。

第四個星期做什麼？

到了**第四週，開始敷保養性面膜。濕巾型、果凍型都適合。不選擇使用後要再度水洗的**（要讓活性物留在皮膚上，別洗掉）。

敷臉頻率上，可根據個人需求做一下調整，**一般一星期2～3次**。原則上，不建議在這時候敷一些廉價純保濕的面膜（不要再浪費時間了），選擇高營養度的產品、香味不要太濃、敷上去肌膚不要有刺刺感的、不要帶高濃度油脂滋潤感的（高油脂的上妝前兩天才用就好了，免得又長營養痘）。

成分上，依個人膚質缺點做調整。暗沈、有雀斑的，選擇美白面膜。老化的肌膚，選勝肽類面膜。痘性肌，選擇含面皰調理成分面膜。

白天擦偏水類的保養精華就好。晚上，再用滋潤度稍高的霜類製品。不要一廂情願地早晚都擦上高機能霜品，這反而會讓肌膚有「悶」出疹子、痘痘的機會。

倒數計時48小時做什麼？

> 進行最後一次清潔敷臉。

> 進行高保濕保養敷臉。

進行最後一次全身去角質。

可以將細砂糖或細鹽混合在沐浴乳中，洗個從脖子到腳跟的去角質澡。

↓

上妝前，記得全身擦點清爽乳液，比較好上胸背、手臂的粉妝。

↓

上妝前，記得敷上一片含油脂成分的高效保濕面膜。

↓

接下去的工作，就交給你的化妝師了。

 SEEING IS BELIEVING

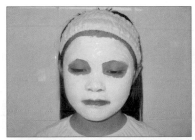 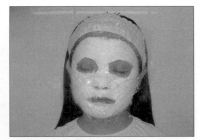

深層清潔敷臉，記得封上保鮮膜，加強軟化角質與皮脂。

砂糖與沐浴乳混合均勻，去角質更安全滋潤。

 EXPERT REMINDS

☆ 只要用心，五千元以內的預算，就可以成為最亮麗的新娘。

☆ 不要懷疑，怎麼都不做積極的保濕，四個星期的養護，已經把皮膚
的保濕能力調整到最好。

☆ 想28天改變自己，你也可以這樣做。

PART 3

季節性的精準保養

❉ HOT TOPIC

酷熱保養有困難？
做個有質感的夏日美女

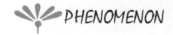 PHENOMENON

　　有品牌經營者請益：「夏天這麼熱，臉上根本擦不上東西，有什麼樣的促銷語言好用？如何教育消費者夏天保養很重要？」我常笑答：「夏天的保養品，是吹冷氣的人在擦的，在戶外跟環境搏鬥的人，能忍受煎熬地做好防曬，已經是很難得了。」

　　進入七八月是台灣、香港、大陸華東華南地區的保養品淡季。因為熱，擦什麼都覺得負擔黏膩，所以保養品需求驟降。於是化妝品行銷策略，只好訴求補水、保濕、防曬、美白、曬後鎮靜等。

很多女性都會說，夏天的肌膚醜斃了。確實，大家的臉，都互相提醒「天氣真的熱、很不舒服」，因為看起來真的又油又髒的。

憑良心說，**皮膚並不需要時時刻刻、三百六十五天的擦上保養品**。但當擦保養品已成為生活「習慣」，少了就會覺得不自在時，如何在夏天擦出好膚質，會是個終年無休的保養族得加倍關心的事。

RISING

從習慣中了解「保濕與否」的需求

早晚洗完臉，習慣地拍上化妝水，保濕調理一下肌膚者不少。

請注意，你有沒有以下的現象：「夏天超清爽好用的保濕化妝水，到了秋天，連十分鐘的保濕能耐都沒有。」這意味著什麼？是皮膚冬天的保濕需求比夏天大嗎？還是夏天的化妝水，根本就沒有保濕效果，是被騙了嗎？

皮膚一年四季都需要保濕，才會顯得水嫩亮透、有生命力。所以，保濕需求跟呼吸需求一樣，每天的任何時候都必須。

但**「保濕資源」，不一定來自外擦上去的保養品**。有時候，環境條件許可，根本不用擦。當環境條件「不太好」的時候，你就要用保養品來補充保濕的物資了。

潮濕的環境，可以讓皮膚的角質層，緩解抵抗環境水分拔河的緊張情勢。

所以，濕答答的日子，整個家都快成了黴菌的培養室時，不論是冷是熱，角質不乾燥，來自保養品的外援保濕需要就低。

高溫的環境，坐著不動也流汗的夏天，汗水從全身數百萬個汗孔口不斷地湧泉而出，皮膚濕黏的感覺，正是角質充滿水分，高保濕狀態。處在這種環境，擦什麼保濕產品都是多餘。

RISING
夏天該怎麼保濕？

夏天一身汗，進了冷氣房，不消十分鐘，全身黏答答的感覺立刻消失。這是**皮膚表面的水分，被冷氣機除濕後的輕鬆感**，不是因為室溫降低的關係。

只要潮濕，皮膚就有黏與悶的感覺，這與溫度無絕對關係。所以，你也會發現，只要擦上高保濕的保養品，且根本是不含油脂的化妝水或精華液，不論夏天或冬天，皮膚一樣感覺黏黏的不舒服。

因為天氣熱，光是流汗就能供應角質「補水」，毛孔口還會出油「鎖水」。冬天冷，流汗少，油脂分泌也少。因此，冬天依賴外援保養品，提供「補水、鎖水」甚至是抓水的需求相對地高。

所以，夏天保濕需求，是遠低於冬天的。

在悶熱難耐的夏天，會覺得好用的清爽保濕化妝水，是低保濕成分的配方。擦在臉上覺得黏黏的（非油油的）化妝水或精華液，才是含有較高比例保濕成分的。

哦！那買清爽型化妝水，不就虧大了？那倒不一定。因為不加保濕成分，可以強化別的功能啊。很多非保濕訴求的功能性成分，反而成本更高（稍後再談這個概念）。

究竟夏天需不需要擦保濕產品？這要從「保濕成分」到底能做什麼來解釋。**保濕成分是「抓水」用的**。像玻尿酸可以抓住四百倍水分，支撐兩三個小時，才逐漸地散失掉這些水分子。

若皮膚角質所處的環境濕度與溫度，沒有缺水的困擾，就沒有緊抓著水不放的必要。所以，**動不動就滿身大汗的夏天，不必刻意為皮膚擦上高效保濕品，最好的保濕成分是汗水～天然保濕因子**。

若必須待在**會除濕的環境**（吹冷氣、開車、搭飛機、空調辦公大樓），那**除了擦上保濕化妝水或精華液**來幫忙抓住水分之外，還得視所處環境溫度，**擦上適量含油脂的乳霜**，才能確實的鎖住水分。

 RISING

外油內乾型肌膚的保濕之路

「皮膚成天泛著油光，卻又合併脫屑、粗糙。越是努力的洗，臉越是乾，油越是冒。」這是所謂的外油內乾型肌膚的寫照。

若屬於「外油內乾型」肌膚，那得先改變清潔方式才行。勤於更新角質，讓角質能抓住水（汗水或保濕品都算）。而不是道聽塗說地去找「高保濕低油脂」的產品來擦。

從事化妝品配方研發二十年，閱讀國外各類科技醫學資料眾多，實在沒見過「外油內乾型肌膚」的說法或膚質類型。**「外油內乾」是一種膚質不佳的徵兆（過渡狀態），是人為因素造成的皮膚問題，是可以改善解決的。**

我對油性肌膚最常叮嚀：「不要過度清潔，小心弄成外油內乾的困擾。」**對油性肌膚者來說，洗臉產品與清潔習慣，絕對能影響膚質狀況。**

洗臉，同時洗去皮脂與角質細胞間脂質。但是「皮脂是洗不完」的，皮脂腺會日以繼夜的製造皮脂。但「角質間的油脂」，過度的清洗就流失沒有了。

少了角質間油脂，角質鬆動就會失去正常的防禦能力、失去正常的含水能力。毛孔的皮脂又覆蓋上來，皮膚呈現的就是「乾扁四季豆」的質感。

油性肌的清潔，洗臉要適當，用清潔敷面泥來協助深層清潔、更新角質。

預算夠的買現成的保養品，預算不夠的，綠豆粉、蛋白等也很好用。總之，外油內乾困擾者，密集地多做清潔敷臉，搭配去除那些報廢了無作用的角質，可以扭轉「乾扁四季豆」為「蠔油芥蘭」般的飽水豐腴。猛擦高保濕精華的，除了自我安慰皮膚感覺比較保濕之外，說實在話，沒看過改善了什麼。

皮膚不再外油內乾了，夏天保濕，方法就跟大家一樣了。

 RISING

如何成就夏天的好膚質？

有人一定很困擾，夏天不保濕，那還能擦什麼？皮膚要漂亮，不就是要保濕嗎？

要植物長得好，只澆水當然不夠，還要施肥。而下肥料，還得弄清楚是要長「果」還是要長「葉」，因為果子與葉子要用的肥料不同。皮膚要美，除了水之外，護膚成分也分不同作用啊。

像是防曬，不分四季都得做，就跟澆水一樣，是每天少不得的工作。但努力擦防曬油，還是成就不了好膚質的。

胺基酸、酵母萃取、維他命、微量礦物元素、抗氧化成分，才是使肌膚健壯的肥料。

高效的保濕成分，像是玻尿酸、多醣類、膠原蛋白等，多半分子量極大，除了不能滲入肌膚之外，還會阻礙吸收。夏天，讓肌膚保濕自己來，這類高保濕的成分，稱不上是肥料，可以不用。

趁著夏天不太需要外援高效保濕產品的季節，早晚清潔後，給肌膚施點小分子的肥料，既不黏又不油，十分符合夏天保養的舒適期待。

所以，不論習慣用化妝水或精華液，**夏天的保養重點，不在保濕成分，而在活膚成分。保養的重點品項，放在化妝水或精華液。施肥的時間，把握夜晚睡眠少發汗的時候**。保養的順序，活膚成分在前，保濕與鎖水成分在後。

EXPERT REMINDS

☆ 夏天熱，人要多喝水。但皮膚表面的水不會因為夏天而不足，不需要湊熱鬧地用保濕品補水，只要保持乾淨就好。

☆ 夏天不要涼補，要溫補。涼補指含酒精化妝水，會降低角質的水合能力。溫補指抗氧化、胺基酸、維他命、礦物質等小分子易滲透吸收的活膚成分。

☆ 夏天要重清潔敷臉、去角質，肌膚油水平衡機制才會好。暫時可以擺脫對高效保濕品的依賴，過個清爽、無負擔的夏天。

❋ HOT TOPIC
秋冬保濕大不易？
擺脫乾燥花有訣竅

PHENOMENON

　　每年入秋，記者就開始問季節性話題，「如何做好換季保養？為什麼秋天的皮膚問題特別多？秋天日夜溫差大，保養怎麼做？秋天如何加強保濕？」等等。

　　確實，秋天出門，需要帶件薄外套，好因應日夜溫差變化。秋天的保養，也像是在不斷地穿脫外套中度過。對早出晚歸的人來說，秋天的皮膚保養，還真是為難。

　　就像多帶件薄外套一樣。入秋後外出，隨身皮包裡帶幾樣輕便的吸油面紙、保濕噴霧、補妝蜜粉等因應氣候變化是需要的。特別是注重形象的主管、以貌取勝的演藝人員，隨時保持最佳狀況是絕對必要的。

135

對一般人而言，則須了解季節過渡期的保養，在保養品項與化妝對策上做適度的調整。

RISING
先掌握氣候濕度，再開始保養化妝

秋天氣溫變化大，但環境濕度普遍是偏低的，這也是秋天覺得肌膚特別乾燥的原因。也因此，報紙雜誌、電視節目、有聲媒體等，談起秋天保養時，幾乎都以「保濕」為主題。

肌膚「保濕需求」的緩急，與「環境濕度」的高低，有絕對關係。**氣候乾不乾燥，可以從髮膚的變化觀察得知，也可以從居家事物的變化來判斷。**

早晨醒來更衣時，觀察一下小腿的角質是否像雪花般抖落？是的話，那這肯定是乾燥低濕度的一天。

走在路上，看到的路人頭髮盡是因衣物靜電而飛舞毛燥，顯然這時戶外環境也是過度乾燥的。**濕度低的時候，保養時，保濕就得加碼。**

觀察氣候，陰雨天、衣服晾不乾的日子，濕度高。廚房的流理台，過了一夜還沒乾，都

是濕度偏高。

　　濕度計也可以幫很大的忙。對長期居住在台灣的民眾而言，感覺最舒服的相對濕度是60%～70%（但是一年裡可沒幾天）。相對濕度低於50%，皮膚開始產生乾燥緊繃感，那保濕就得加強。相對濕度高於80%時，擦高效保濕品，反而多餘且肌膚負擔黏膩感沈重。

 RISING

選對保濕產品

　　台灣的環境，梅雨季時，相對濕度可達80%以上。冬天降雨時，相對濕度也可達80%以上。但同樣的濕度，夏天因為氣溫高，空氣中所含的水氣遠比冬天多，所以更悶。

　　不論如何，濕度高的時候，沒必要擦高保濕的水性保濕品，反而是視溫度的高低，補擦點含油脂的保養品即可。

　　如果你不必待在連續除濕的空調環境中，保養上也非常注重保濕，但皮膚總覺得乾燥粗糙，這問題是出在皮膚最表面的角質已達報廢期，必須要刮除報廢無用的角質才行。請暫停拚命保濕的動作，**先幫助角質快速更新**（像是果酸去角質），**比一味地加強保濕重要。只有健康的角質，才有「利用」擦上去的保濕產品的能力。**

　　至於秋天的保濕品，選擇上跟夏天的有什麼差異嗎？秋天，皮脂分泌減少，封水膜有了破洞，所

以，保濕產品可以選擇具有稠度的保濕化妝水或保濕凍膠（凝膠類），有稠度的膠質具有較好的抓水能力。相同的道理，玻尿酸、膠原蛋白、多醣類等大分子的保濕成分，秋天用來保濕打底，比仲夏適合多了。

RISING
低濕度、日夜溫差大的上妝法

早上洗臉後，先用水性高效保濕品打底，再擦上帶油脂的乳霜，選擇夏天用的低／無油粉底液（粉底乳或粉霜），即完成打底妝的程序。**非必要，不要在完成底妝時再繼續撲上蜜粉、散粉。**

等白天溫度升高，臉部自然出油後，先用吸油面紙吸去多餘的油脂後，依需要再補上薄薄的一層蜜粉，維持細緻的妝感。

若出門前，就撲上蜜粉，蜜粉會在皮脂腺還未出油前，就搶先一步吸走保濕產品的水分。角質若沒有機會充分地保有這些水分，等到時間拉長了皮膚自己出油時，又繼續補妝，這會讓皮膚顯得更乾燥、藏不住皺紋。

選擇夏天用的粉底液，是因為**粉底「液（乳）」類的產品，本身吸含較多的油脂與其他基劑，不會立刻與皮膚搶水分。**不泛油光的夏季粉底液，在秋天使用，不撲蜜粉，會顯得貼膚、自然、保濕。

RISING

高濕度、日夜溫差大的上妝法

環境濕度高，只要不熱，可維持較佳較久的妝容。這時候，可以夏天的方式來化妝即可。

早上洗臉後，擦上帶有油脂的保濕精華，天氣更冷，才使用油脂度高的乳霜。選擇夏天用的低／無油粉底液（粉底乳或粉霜），即完成打底妝的程序。秋天，為方便因應出門後的溫差變化，非必要時，不要在完成底妝時就撲上蜜粉、散粉。白天，皮膚出油，就用吸油紙吸掉多餘油脂，依需要再補上蜜粉，維持細緻的妝感。

很多人會在**秋天就換擦冬用粉底類製品**，認為滋潤度、保濕度比較夠。但這就**很難克服日夜溫差大，皮膚自己還會出油的狀況**。所以，只有皮膚幾乎不出油的人才適合秋天就用冬天的粉底。一般人擦上冬用粉底製品，不立刻撲上蜜粉或散粉，肌膚也會顯得過於油光。

撲上蜜粉、散粉後，要再做保濕補救、調整，就顯得麻煩了。你可以試著先用面紙按壓臉部，先吸掉多餘的粉，再擦上帶油脂的保濕精華，等皮膚稍乾時，才補上蜜粉。

RISING

身體保濕，趁洗澡完在浴室完成

身體保濕乳，提供的不外乎油性保濕成分與水性保濕成分。**怕油膩的人，**

更要把握剛洗完澡，皮膚角質水分最高的黃金期，擦上保濕乳液。這時候，才可以擦得薄、舒服又有最佳的保濕效果。等皮膚乾了才擦（像是白天再補擦），效果就沒有洗完澡時來得好。

冬季容易乾癢的肌膚，最好提前在秋天開始做身體保濕，一旦開始「抓癢」再來擦，時間上晚了些，得同時擦藥膏治療了。

若已經抓破皮的肌膚，建議過渡期只使用植物油（或嬰兒油）。在剛洗完澡時，身體水分不擦乾的情況下，擦上薄薄一層油脂保濕就好。這個時候，不要用「乳液、乳霜」類保濕品，減少乳化劑、基劑、防腐劑等刺激，破皮處才會好得快。

SEEING IS BELIEVING
[台灣年平均濕度圖]

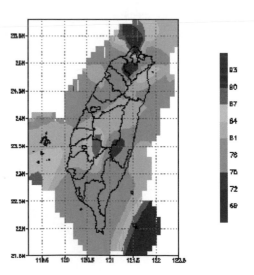

EXPERT REMINDS

☆ 潮濕多雨的冬天，環境濕度夠高時，不需要擦太多保濕品，只要補
　點有油脂乳液面霜的保養品就可以。

☆ 秋天要溫補、冬天可熱補。溫補指抗氧化、胺基酸、維他命、礦物
　質等，小分子、易滲透、吸收的活膚成分。熱補指加強油性具滋潤
　度的油性抗氧化成分、磷脂質、天然油脂等。

☆ 冬天的清潔敷臉，宜在臉上加蓋保鮮膜，幫助毛孔汗孔代謝，冬天
　保養敷臉，宜使用電暖器保持肌膚溫度。

HOT TOPIC
秋冬一定要用護手霜嗎？
用得巧比用得勤有效

 **PHENOMENON**

　　每年的九月過後，除了保濕產品之外，品牌還會有一波護手霜、護唇膏等小商品的熱炒檔。可別小看這些不起眼的單品，有些還是品牌作為進軍台灣保養品市場的敲門磚，成為超人氣商品者大有經典品牌呢。

　　天氣一冷，除了外出時加一付保暖的手套之外，即使在室內，跟著氣候轉涼，雙手的觸感也變得乾燥粗糙，直覺上需要為這雙手再做點什麼才行。所以，潛意識地，也會注意護手、護唇品的報導。媒體也不落俗套地，每年入秋，一定來個護手專題報導。

　　好多人問我，哪一種護手霜比較好？其實，更**該問「你想要護手霜為你做什麼？」**如果把護手霜比喻成「手套」，那麼戴橡膠防水手套，是為了洗碗筷、拖地

板。我開車戴布質黑手套，是為了防曬與減少手心握方向盤的摩擦。孩子戴羊毛手套，是為了禦寒。上流社會仕女戴蕾絲手套，是為了襯托高雅裝扮。

所以囉，做家事、純保養、改善富貴手……，要擦的護手霜是不同的。就像你不需要戴蕾絲手套做家事（那太昂貴），不應該戴蕾絲手套去洗碗（那太衝突）。

讓我們以準備手套的心情，認識該為自己準備什麼樣的手套、幾雙不同功用的手套。

RISING

為什麼玉手總在秋冬顯不適？

從皮膚的組織構造來說，手部的汗孔多集中在手掌，皮脂腺體少，油脂有去無回。所以夏天手心多汗，不覺乾燥。秋冬氣溫下降，發汗少，缺皮脂膜保護的雙手就特顯乾燥。

台灣的潮濕氣候，入秋後有較明顯的轉變。秋冬較乾寒，原本汗腺發達的手腳，頓時間汗水的分泌量明顯減少，手足部乾爽舒適。但要是碰上濕度偏低、溫度也低的時候，手足的乾爽就漸漸會轉為乾裂粗糙。

除了季節氣候因素之外，人為因素也不可輕忽。把手洗得很乾淨，是預防傳染性病原上身的最基本手段。SARS、腸病毒流行期間，人人幾乎是以洗破了皮般使勁地清潔，整雙手乾燥、粗糙苦不堪言。

為何乾裂？廚房的洗碗精、鹼性過高的洗手皂、含高濃度酒精的乾洗手、過高頻率的清潔劑洗手……，這些都是讓皮膚表層的細胞間脂質流失，加速缺

脂乾裂的殺手。

為何粗糙？是東摸摸西摸摸的後遺症，盡量養成做家事戴手套的習慣。掃地、擦桌椅、洗門窗，這其中有很多「磨砂」顆粒，摧殘著纖纖玉手呢。

RISING
怎麼選擇護手霜？

選擇護手霜，不是一味地察探含有哪些滋養成分，也不是舒適不沾手的最好。既然要「擦」，就要讓它發揮應有的效用。

1 工作護手霜～

適合老是碰水、清洗東西的手。工作時需要像隱形手套功能的護手霜，避免過度接觸清潔劑、造成脂質流失（不過還是勸大家，維持工作時就戴上手套的習慣最實際）。

這種護手霜，不需要刻意強調保濕、護膚，只要滑順不易洗落的矽膜（Silicone類之成分）即可。護理成分或油脂越多，越是容易掉（洗掉、自行沾落都是），越是無法保護工作著的手。

2 防曬護手霜～

一天到晚騎機車衝鋒陷陣、開車打拚事業的人，手部的防曬就顯得重要，

紫外線會讓手部紋理提早加深老化。特別是手背，擦上護手霜之後再補上防曬油，或者使用具防曬效果的護手霜是需要的。

3 工作後、睡前護手霜～

夜間睡覺前，則盡量**選擇高保濕滋潤、稍高油度的護手霜**。

一般工作護手霜，因為要形成防止外物滲入膜，所以相對的，要將滋潤成分滲入肌膚也比較難，並不適合作為工作後護手保養用。

4 辦公桌族的護手霜～

一天裡有八個小時在打電腦、翻閱文件資料，手還是有乾燥粗糙的困擾，擦什麼好？

這是不必做什麼粗家事，純粹是加強秋冬保濕、柔潤細緻肌膚的上班族的需求。這種保養很特別，只要重視手背即可。手指接觸鍵盤、拿筆、翻閱文件，擦上護手霜反而礙事。**選擇偏向身體乳液質地，不油但較保濕的護手霜**。

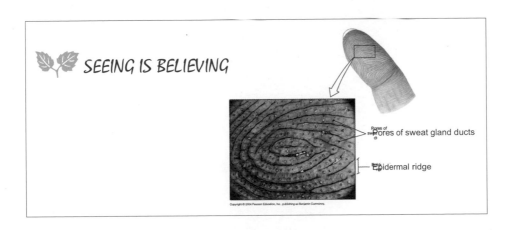

SEEING IS BELIEVING

Pores of sweat gland ducts

Epidermal ridge

Copyright © 2004 Pearson Education, Inc., publishing as Benjamin Cummings.

EXPERT REMINDS

☆ 手的保護與手的保養是不同的，使用品項與使用時間都對了，周全
的手部護理才更有效。

☆ 用工作護手霜來保養，就算用保鮮膜封住、戴上手套也沒有意義。
手掌護理，補油比補水實際且重要。手背護理，則要再增加保濕、
抗氧化。

身體的精準保養

HOT TOPIC

背部保養有撇步？創造裸肩露背的好條件

PHENOMENON

一個開幕酒會中，邀來了兩位以知性聞名的明星。晚宴服是大露肩背的，十二月的杭州，在大家都裹得像粽子的穿著中，格外引人注目。但我想高幹紳士名流們在眼睛吃冰淇淋的時候，會因為明星的醜背，而有點意外難吞嚥吧。

不到六月，台北捷運上，已擠滿了穿細肩帶露背裝的年輕妹妹。我感覺，有些人是空有秀的勇氣，但是沒有秀的條件。

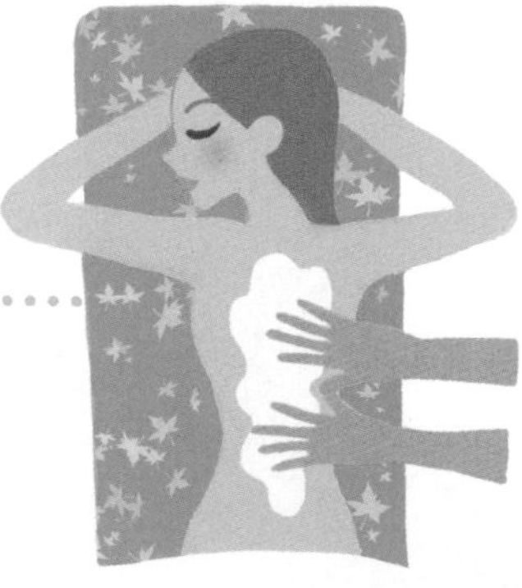

大部分膚質姣好的美女，沒有特別的背部困擾，評選美背時，分數的落點總是在尚可——佳

——優之間。但若過度愛現卻疏於照料，久了，就會有前後不一（臉與背），老覺得有人在背後冷言冷眼的煩惱。

美背保養品不少，從清潔去角質、保濕滋養、香氛亮粉，到防曬等，品項越來越多。而真的要擁有能見天日的美背，需要各種美背方法、美背產品都用上嗎？

從正確的洗澡開始

一個採訪希望我「針對背部長青春痘，平時應該選擇什麼樣的產品來改善」，談一談。

其實，很多時候的情況是，「**作對了清潔方式、養成良好的清潔習慣，就自然少了背部長痘痘的問題**，也就沒有花心思去找痘痘產品的必要了。」

背部肌膚易出油，清潔上又容易被敷衍。如果洗澡總是用手隨便抓一抓摸一摸，就沖水，這一類人，背部的粗糙、粉刺、暗沈等問題，多數是被主人清潔馬虎而造成的。

背部老是沒洗乾淨的後果，當然是阻塞毛孔，使得皮脂腺分泌的油脂無法正常排出。日復一日，要不了幾天，自然就摸得到粗粗的顆粒與蓄勢待發的粉刺。

因此，**治本之道是清潔**。所以，不論你喜歡用香皂或沐浴乳洗澡，在乎背部的健康～少點油垢味、不願毛孔粗大、厭惡違章建築的困擾，**用澡巾或澡刷洗背，是一定要的啦**。

RISING

有的人很懶不洗澡，為什麼背也不會長痘痘呢？

這沒辦法計較，去研究別人為什麼出生在有錢人家，不如研究如何讓自己富有。皮膚的生理表現，還是有遺傳上的差異。背部長痘痘的人，做好清潔管理，只會幫背部加分。不做又愛秀，就只等著耗損啦。

毛孔阻塞時氧氣量變少，就易引起厭氧性的面皰桿菌（P. acnes）過度繁殖。這時候，面皰桿菌會很盡責努力地分泌脂化酵素，好用來分解毛囊中的皮脂，使轉變成游離脂肪酸（你必須了解，是你創造工作量與工作環境給它的喔）。

游離脂肪酸，對皮膚有強刺激性，其結果就是毛囊周圍皮膚紅腫發炎、痘痘叢生。所以，不必羨慕美背者，**只要經常保持背部皮脂分泌的管道暢通，面皰桿菌就沒有好的繁殖環境，背部長痘痘問題就會改善**，而即使是尋求治療，問題也比較單純好掌握。

RISING

終結背部粉刺

背部粉刺的治療，跟臉部的治療方式，並無不同。**症狀過於嚴重者，仍應先找皮膚科醫師才正確**。很多人只要是去看醫師，就只想透過醫師處方的「藥物」把症狀治療好，沒想過多利用門診諮詢時多了解一下自己的問題。

你應該可以很明確地從醫師口中問到「病灶名稱」、「為何發生」、「如何避免」等概念，才能有助於來日的預防與改善，而不必老是出狀況就依賴藥

物解決。

從化妝品的領域來跟讀者談的，也正是「預防與改善」的概念，不是治療（治療是要用藥的）。

就從問題沒嚴重到必須看醫師的狀況談起吧。偶爾長幾顆痘痘或者是經常有粉刺困擾的背部，要在一個月內，快速洗刷背部冤屈，那就要有清潔之外的行動支援了。

首先，將身體先用一般的清潔沐浴產品洗乾淨。其次，再將「抗頭皮屑洗髮精」倒在澡巾或洗澡刷上，輕輕地刷洗背部數分鐘（停留一點時間作用），再沖水洗乾淨。連續洗一星期，症狀好了就可以停用。

抗頭皮屑洗髮精的選擇，**從「觸覺」判斷商品的話，以洗頭後，頭髮最梳理不開者較適宜**（會造成又乾又澀髮絲的那一種）。或者選擇強調不含潤護髮成分的去頭皮屑洗髮精。從「成分」選擇商品的話，就是含有1～2%的去頭皮屑成分的Zinc Pyrithione或Ketoconazole。盡量不含矽靈、護髮油脂、護髮成分的陽春平價品為宜。

RISING

背部的痘疤、暗沈、毛孔粗大怎麼辦？

背部的痘疤、暗沈，當然不是擦美白產品或噴美白化妝水能夠改變的。這叫傷口性色斑，不是麥拉寧色素，美白品是無效的。

幫助痘疤處、暗沈的肌膚快速代謝，回復到正常肌膚狀態才是正途。市面上有針對美背用的果酸化妝水，選擇上，濃度宜在2%以上，才有效果。含小分子果酸的化妝水效果最好，但可別以為說明上表示含有果酸的都有效喔。

選擇上，必須有明確的濃度標示。可以**選擇濃度2～4%，配合酸度pH3～4.5的來使用效果佳**，酸度再繼續偏中性，高於pH4.5，那麼就算濃度高也沒什麼效果。

如果手邊有臉部換膚用的果酸安瓶，那麼也可以自己以開水稀釋後使用。如果安瓶的果酸濃度是10%.取出5c.c.加水稀釋成15c.c.使變成約3.3%的濃度，三四天噴完。這樣一個星期下來，就會有明顯的效果了。

噴果酸的時機是，洗完澡後，噴完不要擦掉。會有輕微的針刺感是正常的。

泡澡，也是幫助背部皮膚老化角質鬆動、毛孔堆積油脂軟化的極有用方法。泡澡後，努力地再洗一次背，與果酸的效果相輔相成，效果快。

RISING

背部需要擦乳液、化妝水與防曬品嗎？

夏天，流汗多，晚上睡覺背部是悶著的，所以含有油脂的乳液、甚至無油乳液、保濕化妝水等，都無絕對需要。對背部易出油的人說，更是增加負擔。

冬天，流汗少，皮膚的水分不易藉汗水來平衡，噴點保濕化妝水是不錯的調整。乳液、防曬品的使用時機，反而是在要展現香肩美背的時候才使用即可。也就是化完妝、換衣服前，美化一下肌膚的觸感。

防曬品要均勻擦在肩背部，有DIY上的難度。因此，很多美女選擇噴霧型的防曬產品。使用上，把握基本原則，噴上去，皮膚不能有刺痛感。**有刺痛感表示化學防曬成分，已經滲透到皮膚裡頭去了**。噴上去皮膚發紅起疹子，那更不用考慮，直接淘汰就對了。

SEEING IS BELIEVING

[果酸精華液，稀釋與使用方式示範。]

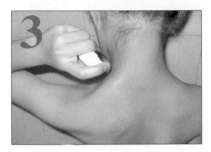

 EXPERT REMINDS

☆ 背部毛孔粗大，是疏於清潔累積出的問題。改善毛孔粗大，從勤洗背開始。

☆ 再美的背，也經不起不防曬、不保養的裸露。出門前記得做好防曬準備。

☆ 澡巾、澡刷洗背必備品，用手搓，無法確實做好背部清潔。

❋ HOT TOPIC
你是泡澡，還是洗澡？
洗、泡一次完成不妥當

 PHENOMENON

天氣一冷，泡溫泉去或就在家裡享受溫暖舒服的盆浴，是現代人不吝於花費的享受。公共澡堂問題多，泡出不良皮膚症狀，追溯原因時，部分關鍵難釐清。但單就在家泡澡的環境，真的泡出皮膚問題或者認真追究泡澡的價值性，就很容易找到答案了。

泡澡如此流行，泡澡的好處也備受推崇。想當然，選擇符合需求的泡澡用品與配合正確的使用方式，應該是基本常識了。

然而，透過受訪經驗與觀察網路對話的內容，驚訝的發現，對於「泡澡後，是否需要再淋浴？」這件事，大部分的人，是不太清楚的。

　　泡澡後，要不要沖洗再淨身？有人覺得當然要，有人覺得沖了不就把滋養成分都洗掉了？

　　先拋開心理層面的感受，不妨從市面上這一大堆泡澡用商品的成分，適不適合「留下來」而加以區隔。換言之，**不是你想不想沖掉的問題，而是你用的產品需不需要沖掉的問題。**

RISING

要泡澡？還是洗澡？

　　使用沐浴劑幫襁褓期的孩子洗澡的母親，無不希望，可以將這個幾公斤甚至可能達十公斤的娃兒，洗好澡時「一鼓作氣」地從澡盆中「撈」起。

　　很多人選擇「泡泡沐浴精」的心態也是這樣，洗澡、泡澡一次完成，澡後起身直接擦乾水分，然後穿上睡袍。

　　為什麼不再沖一下水呢？

　　因為麻煩、因為再沖香味就淡了、因為會把高級的護膚成分沖掉、因為產品說明上寫著要這麼使用的，因為……，所以……，就沒沖啊。

　　不論你的動機為何，**若不想沖掉，所使用的產品，就不能含有不合理比例量的清潔成分，就不能含有留在皮膚上會造成後患的成分。**

　　而一款「清潔效果」可以令人滿意的泡澡產品，就必須含有清潔成分。

　　如果你的目的是「純泡澡享受」，那就應該迴避那些添加清潔成分、人工色素、人工香料等的泡澡品。

 RISING

不沖掉，就有風險的泡泡浴品

2007年初，配合媒體寫過一次泡泡浴產品的評比，卻發現不論是業績長紅的經典品牌，或者新上市的專櫃品牌，其配方中仍少不了清潔用的界面活性劑。也就是高發泡性、高洗淨力的清潔成分。

泡泡浴產品，使用清潔用界面活性劑並無不妥。按理說，本來就是用來洗澡的啊。問題出在，有**近半數的品牌，會強調泡澡後不用再次淋浴清潔全身**（以強調使用方便性來吸引消費）。這對消費者來說實在是困惑，一樣是泡澡，有些品牌要沖洗，有些卻特別強調不用？

「考慮使用的方便性，那買不必沖的好了。」It's right！魚兒上鉤，銷售策略成功！

在不確定是業者說謊或者配方真的很高明安全之前，「沖洗乾淨」鐵定沒錯。其次是提醒讀者：並不存在「留在皮膚上，不沖掉」，對肌膚比較好的清潔成分。

看看那些用後不必沖洗的品牌說詞：強調所用的界面活性劑，全都是天然植物衍生物。強調有機認證配方。更有些品牌連說帖都沒有，就直接宣告不必沖就對了。

想想看：有人會因為使用的是「強調天然椰子油、植物油配方」的洗碗精，洗了碗筷後，可以不沖洗？或因此隨便過一下水就好的嗎？

我們只願意相信,這種洗碗精,萬一洗不乾淨,有殘留,對健康危害的程度,沒有石油系清潔成分大。

具清潔力的界面活性劑,泡澡後若不沖洗掉,其情況就像洗頭髮,沒將泡沫沖乾淨一般,容易造成皮膚過敏、搔癢、脫皮。

界面活性劑殘留,對肌膚的刺激性,也因為種類(包含製作成清潔劑前的原料來源)與濃度而不同。但不沖掉,就是不對。掌握基本要領,「起泡力越佳的泡澡產品,洗後再沖洗的必要性越高。」

 RISING

再次沖洗,護膚成分全流失了嗎?

前面提到「沖洗乾淨,鐵定沒錯」,這個概念有繼續說明的必要。

具清潔力的泡澡產品,**沖洗,首要目的是確保肌膚健康不過敏。**

對現代強調使用**純精油具芳療效果的泡澡品來說，泡後沖洗並無減分的疑慮**。精油、小分子護膚成分，其實在泡澡時已經滲入並附著在肌膚上了，淋浴反而是避免清潔劑殘留，降低肌膚不適機會，對產品訴求的護膚性來說，只有加分作用呢。

泡澡的價值，主要還是在帶動全身的代謝循環，軟化角質，**趁機做全身去角質倒是很適合。**

至於泡澡的護膚性，原本就較為薄弱。所以，**秋冬與乾燥季節，還是必須擦上適量的保濕乳液來護膚。**

 RISING

泡澡後可以不沖洗的產品

「先把身體洗乾淨再泡澡」（多數人都這樣），是泡後不沖的基本配合。

在泡澡池中，滴幾滴精油或水性分散型精油，泡後可不必沖。

在泡澡池中，撒下玫瑰花瓣、調理體質用的花茶包等，泡後可不必沖。

在泡澡池中，倒入皮膚用保養品，像化妝水、精華液、乳液等，泡後不必沖。

在泡澡池中，倒入海鹽、沐浴鹽等，泡後可不必沖。

在泡澡池中，倒入自己壓的蘆薈汁、柳橙汁等，泡後可不必沖。

在泡澡池中，倒入酵素粉，不起泡的，泡後勉強可不必沖（意思是對肌膚危害不會太大）。**會明顯起泡的，泡後還是要沖。**

SEEING IS BELIEVING

整個澡盆都是泡，洗後得再沖乾淨

 EXPERT REMINDS

☆ 嬰兒泡澡用的酵素粉，太香不宜，起泡性過高的，泡後還是沖一下
對嬰兒肌膚比較好。

☆ 泡礦物鹽，皮膚會有滑感是正常的，不是清潔成分引起。清潔成分
的有無，從泡沫來判斷，過多泡沫表示清潔成分比例偏高。

☆ 泡澡本來有益肌膚代謝與血液循環，但殘留清潔劑是會對皮膚健康
扣分的。

HOT TOPIC
勤泡澡就會美？
純泡湯心情美‧用對料身體美

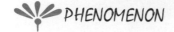

PHENOMENON

有記者問我：「對泡澡產品有沒有研究？」我常回答：「洗澡，才必須有沐浴品為輔，泡澡不一定得用到商品。談商品，找我就對了。純粹談泡澡、談情緒氛圍，我不是專家。」

通常，記者就會聰明地見風轉舵，改去採訪SPA泡湯業者、銷售泡澡產品的主管或精油芳療名師。因為要寫（或做）出「新聞報導」，不論如何，死的也要說成活的，再沒有用也要說出用途。

確實憂心，今日台灣，文字媒體版面大，視聽媒體時間長，新聞的需求量大。又必須創造話題與獨家，弄得原本就偏奢華的化妝品線報導，更加的淺碟、速食，或過於置入性、或不自覺地被商業化了。

我不去發表言之無物的文字或言而不實的說詞。無選擇性地接受採訪或活動邀請，所創造出來的高見報率、高曝光度，這對同行專業人是一種侮辱，對個人形象也是一種傷害。

也因此，當我想談對消費者更有意義的概念：「**泡澡不一定要使用泡澡商品**」，這種沒有新聞炒作價值的話題，只能另闢園地（我的著作）說清楚了。

 RISING

泡澡，一定得加料嗎？

到外面去泡湯，不論是天然泉的溫泉會館、SPA美容護膚中心，都強調「好湯好料好療效」。天然泉有碳酸泉、硫磺泉等。SPA館有美人湯、養生湯。效果眾多，囊括了解壓、排毒、消脂、醫療等。素材有新鮮花草、中藥包、精油、各式各樣的沐浴鹽。

大環境營造的、推廣的、販賣的，都有志一同地將重點

放在「泡澡料」的價值上，因而消費者不得不信：「既然都有心要泡了，得好湯配好料才值得。」

還是要先聲明：**我不認為泡澡一定得加入些什麼東西在浴池裡**。大家都說泡「湯」而不是說泡「水」，似乎得加點料才更名副其實（**日本所謂的泡湯，也只是泡熱水的意思，並不加料。泡溫泉，是天然泉，也不加料**）。

對於泡澡這檔事，化妝品業者賣的是「泡澡添加料」（不是賣溫泉券或泡澡桶），自然會把泡澡料的效用蓋得天花亂墜，開發出分門別類效用且具芳香性的泡澡料。

於是，愛泡澡的人，就隨著商人的舞曲擺動，沈醉在泡澡池中。泡澡料，就像不同節奏的音樂，有快有慢，有奔放熱情的、有恬淡幽靜的。一般人，居家泡澡，重感覺（主要的營造精靈是香味），反而不是很能洞悉實質效果（這得要看香味之外加了什麼料），也**因此買到的泡澡料，多半只是香氛料**而已！

RISING
來個有目的的泡澡

太嚴肅了嗎？泡澡享受還要講「目的」？

有人問我愛不愛泡澡？常不常泡澡？我答：「愛，但不常。」因為愛，所以家裡有個量身訂做的獨立泡澡空間。因為忙吧，所以不常。而或許是學科學的人，較重視實質價值吧。除了享受之外，還得要達到設定的目的才行。

通常不累、身心狀況良好的日子，我是沒有興致泡澡的（泡澡花時間，我

老是慘到時間不夠用）。

　　反而是健康狀況不佳，過度疲累肩頸痠痛、下半身循環不良、水腫帶腳氣、精神氣色不佳、情緒低落沮喪時，會來個高濃度的礦物鹽泡澡。

　　高濃度礦物鹽，對我來說，**才能出清情緒的、身體的阻滯障礙，強迫體內的清運設施高速運轉。**

　　也建議那些，特別是**長期服藥者，病癒後，可以密集的用高濃度礦物鹽泡澡，幫助半生期過長的藥物代謝排出。**

　　將身體浸泡在高濃度礦物鹽水中（即高電解質水溶液），將自然形成一個小電廠（人的身體，是一個小型發電體）。刺激皮膚的末梢神經，並開始發生收縮作用，促使血液流通速度加快、細胞內外物質交換加速。

　　高濃度礦物鹽，能在皮膚表面形成一個水分滲透的對流現象，汗管引導淺層組織的水性廢物，快速排出體外。產生的高滲透壓，可活絡淋巴系統，加大單位時間的引流代謝量。

RISING

泡澡料，怎麼選？加多少？

　　其實「除穢養生泡澡」，是上了年紀的泡澡者共同的期待（只有年輕人、學生族，能悠閒地將泡澡當純樂趣吧）。但大家都沒想過怎麼調出一桶「高濃度礦物鹽水」，加什麼鹽？加多少才算高濃度？才有效？

　　鹽，不是狹隘的指吃的食鹽或海鹽。礦物鹽，指的是氯化鈉、氯化鉀、

硫酸鎂等等。自然界裡的礦物鹽，當屬死海鹽的療效性最佳。人工的礦物鹽，則屬硫酸鎂除穢功能最強。價格上，死海鹽貴（遠渡重洋而來），一公斤近千元。粗鹽最便宜，一公斤十幾元。硫酸鎂（俗稱瀉鹽），一公斤幾十元。

基本上，泡得越濃，效果越好。礦物鹽對水的溶解度很大，100c.c.的水，可輕易溶解20公克的鹽，濃度20％。200公升的泡澡桶，可以溶掉40公斤的礦物鹽，這這……也未免太貴、太離譜了吧。注意，**泡礦物鹽澡，重點不在水熱、水多，而是濃度要夠**。所以，不要拚命加水泡太大一桶，才能利用相同量的礦物鹽，換得較高的濃度。

人體生理鹽水的濃度是含0.9％的氯化鈉，所以，至少也要使泡澡礦物鹽水的濃度高於1％，才會有借助「泡」來「啟動」滲透壓差異的機制。

以1公升水估算，1％的礦物鹽，應該要加10克。200公升的泡澡桶，應該加2公斤。我至少會加到2％的濃度（就是加4公斤的分量），連小女都抓來泡以提高水位。

如果你捨不得，那就不要浪費時間與金錢，因為濃度低，什麼效果都沒有，就改泡香氛澡就好。

RISING

除穢泡澡重效果

　　泡高濃度礦物鹽，是要排除體內一切非必需的物質。嚴格說，不宜同時間使用精油。但可以借助極微量的精油，提升香氛樂趣。用量上，越少越好。可以的話，以精油做環境薰香就好。

　　泡澡時間至少20～30分鐘，時間拉長的話，得補充水分（喝水）。泡澡後，大量喝水，清淡花茶或溫開水都好。

　　藥吃得越多的人，排出來的汗味越難聞。泡過澡的水，味道也不會太好。因此，拚命喝水逼出「異味」，隔天或幾個小時後，再洗個澡，無毒一身輕的感覺，會從身體流竄到心情喔。

SEEING IS BELIEVING

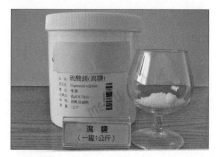

200公升泡澡桶，2%濃度，瀉鹽要加4公斤

EXPERT REMINDS

☆ 初次進行除穢泡澡的人，濃度從1％開始，一兩次後，再逐步增加濃度、拉長泡澡時間。

☆ 因病引起的水腫，仍然宜看醫師。泡澡是一種舒緩的輔助，有益無害，但不是在治病醫療。

☆ 除穢泡澡後，將身體再次用溫水淋浴乾淨。後續流出的汗水味道不佳，屬於汗水帶出的代謝物。這種現象若極為明顯，才表示有達到泡澡效果。若完全沒有，一可能是身體很健康，二則可能是濃度不夠高。

✱ HOT TOPIC
不需泡澡桶的泡澡法？
乾泡排毒，夏天好選擇

✻ PHENOMENON

夏天到時，很多品牌會推出身體系列的保養品，常以「香氛」為主題，開發出清潔沐浴品、泡澡品、身體乳、手足乳、香水等等品項。其實，台灣的夏天悶熱潮濕，要猛往身上任何一個部位塗保養品，不論商品設計多麼清爽，還是有相當的難度。

洗澡，是夏天最容易做到的放鬆了。泡澡，則會因體溫升高泡後出汗，而有些情緒上的排斥。習慣上反而喜歡冬天泡澡。

泡澡的好處其實不分冬夏，但泡澡確實是件麻煩、花錢的事。要有舒適的泡澡盆（很多人家裡硬是不可能存在這種設備）、要買很多的泡澡料、要用掉

很多的水，要佔用浴室很長的使用時間等等。

　　沒時間、空間與金錢花費在泡澡上的愛美人，不妨嘗試一下「乾泡法」。這個單元，我跟大家分享利用現有市售商品與自備材料的乾泡法。

RISING

什麼是乾泡法？

　　簡單的說，就是「醃漬脫水」法。像家庭主婦做涼拌時，先將高麗菜、小黃瓜，用鹽巴醃漬十幾二十分鐘，逼出水分一般的過程。

　　人體主掌排泄的器官有，皮膚、大腸、肺和腎臟。皮膚上的汗管，是疏導促進排泄水溶性廢物重要的器官。

　　夏天天氣熱，悶在浴室裡，在皮膚上塗上高濃度的電解質鹽類，可以在短時間內「逼出汗水」。健康的人的汗水成分，與不健康（或代謝不佳）的人的汗水成分硬是不同。拿最簡單的例子來說，抽菸的人，汗水中充滿著含有尼古丁菸草臭味。尼古丁水溶解度佳、分子小，隨汗液排出，是排毒的大捷徑。

　　所以，在一般公共的SPA、水療館，其附設的免費蒸汽室裡，常擺著整桶的粗鹽讓人自由使用。注意，鹽這時候的價值，不是拿來去角質的，去角質不必大費周章的跑到蒸氣室。這時**鹽是要塗抹在身上，再借助蒸氣，一起促進排汗（坊間稱：排毒）的。**

　　所以，**家裡若沒有泡澡桶，利用現成的海鹽磨砂膏沐浴乳，含礦物鹽比例越高者越佳**，不用擔心，眼睛與觸覺都可以判斷含量多寡啦（像是台鹽的

產品據稱含50％的鹽）。**直接擦在皮膚上，暫時不去洗它（但是可以先搓一下子讓皮膚發熱）**，先洗頭、卸妝、洗臉，等這些動作都完成了，應該有十幾二十分鐘之久，這時候再搓洗身上的含鹽沐浴乳，就是高效排毒的乾泡法。

RISING

乾泡法的優點？

　　受制於空間、時間與花費，是選擇乾泡法的原因之一。但不等於乾泡是次等效果喔。

　　想想看，若將高麗菜泡在鹽水裡，濃度再怎麼高，也不可能在十分鐘後逼出菜葉子裡的水。但用一把鹽巴隨興地將高麗菜抓幾下擺著，沒多久就可以看到水滲出來了。所以，效率奇高呢。

　　其實高濃度的礦物鹽，其排毒目標物還是會因為鹽類不同而有差異性的。海鹽與瀉鹽要對付的目標症狀是不相同的。

　　以瀉鹽來說，對付排泄不良型的痛風，就很恰當。偏巧，台灣民眾的痛風屬於排泄不良型者，佔世界比例最高。痛風患者比例，也是先進國家的十倍。原因跟遺傳有關，也跟肥胖、暴飲暴食有關。**痛風的痛點，落在腳部關節處，**

會發生急性紅、腫、熱、痛的情形，疼痛到讓人無法走路、無法穿鞋（我家中有痛風患者）。

痛風發作前，患者一般都有將近半天的預感期，預感期一過立刻發生激烈的疼痛，短暫二十四小時之內就會達到最高峰，幾天後疼痛慢慢減輕到症狀自然消失，往往又被疏忽而延誤治療。

痛風是血液中的「尿酸」過高所致。尿酸呈現過飽和時，會形成尿酸鹽結晶沈澱在身體各個部位，特別是關節處。尿酸鹽結晶過量，就會引起嚴重的痛風。

站在非醫療的角度上看，痛風是可以預防或降低痛苦的。平時利用泡高濃度瀉鹽（濕泡）來促進尿酸代謝出體外，減緩疼痛機會更大。

RISING

有專門乾泡用的產品？

答案是沒有。所以，我得教讀者幾個簡單的組合法。

第一種

皮膚無傷口、不會有過敏現象者，可以直接利用高比例的海鹽沐浴乳來塗抹全身，洗時也方便。也可以購買細鹽（家中食用鹽）跟一般的沐浴乳先在手中混合後再塗抹全身（注意有些沐浴乳遇鹽會降低黏度或洗淨力）。

第二種

皮膚嬌弱細緻者。建議先洗澡沐浴完成，再將買來的食鹽或瀉鹽，用身體乳液、或較為低油脂的面霜來調和（乳液或面霜乃作為黏稠劑），待十幾二十分鐘後，輕輕以水搓洗掉即可，不需再度用沐浴乳洗澡。

第三種

　　將瀉鹽或食鹽泡成幾近飽和的鹽水（可以先用漱口杯裝約100c.c.的熱水，加入鹽，加到幾乎不能再溶解為止），用海綿沾濕擦在全身。這樣既不會掉落，又能擦得非常均勻密實。

　　不論產品是買現成的，或是自己加工的。乾泡，少了體溫升高的感覺，正好適合夏天的氣候。但若想效果更佳，**讓膚溫真的上升逼出汗來，建議在浴室擺電暖氣來協助，創造一個人造烤箱。**

　　乾泡後，補充大量的水分（開水、花茶類都適合，就是不要運動飲料、電解水），促進汗管的疏通，效果最佳。

 *RISING*

皮膚真的需要經常排毒嗎？

　　確實，不少「醫師級」的言論領袖，不認同「毒」這個用字。嚴格說，腦筋清楚的人都不會認同啦。對行銷面來說，必須選用某個「字」去傳達意思，使更加的傳神貼切且達到行銷的目的。

　　所以，不必批評「女性不去沙龍買排毒療程，就會離健康美麗越來越遠」的論調是否合理。

　　對一般讀者來說，「排毒」真的是淺顯易懂的說詞。我們可以說身上的各種廢棄物、代謝物、不小心吸納進來的毒物、刻意吃進體內的治療性藥物等，在正常的生理機能運轉下，都是已經不要的「毒物」，當著它就有蔓延出新疾病的風險。所以，「無毒一身輕」，簡單易懂。「沒事排排小毒」，也無不可吧。

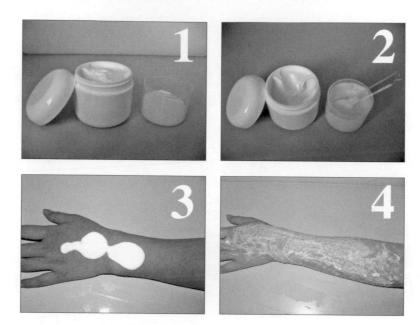

食鹽+乳霜，調和與塗擦方式示範。

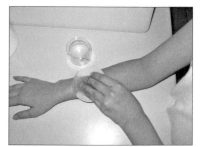
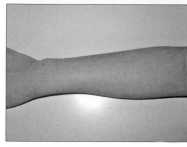

飽和瀉鹽溶液，配製與塗擦方式示範。

EXPERT REMINDS

☆ 乾泡法，旨在逼汗、逼水可溶毒物。建議使用電解質類的礦物鹽
（海鹽、鎂鹽、瀉鹽等），不建議與非電解質類的砂糖、蜂蜜等混
合使用，反而降低效果。

☆ 礦物鹽的用量宜斟酌，一般40～70公斤的女性，也只要20～30公克
的鹽來塗擦就足夠了。

☆ 乾泡礦物鹽的另一妙用，手燙傷未破皮時，直接在患處搓上鹽巴，
可消紅腫痛（滲透壓效應的貢獻）。

頭髮的精準保養

❋ HOT TOPIC

為什麼頭越洗越癢？
拚命洗，不如正確洗

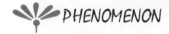 PHENOMENON

網路上常討論、轉寄含「矽靈的洗髮精」的諸多說法。記者也常在一定積存量時，來個「網路傳言大解析」。矽靈的問題一說再說，記者盤問的重點也都是「究竟矽靈有害無害？」

我也上網瀏覽一番，大致上專業者多表達「矽靈安全無虞」的看法。而不論如何，大家都被引導到「討論矽靈」的胡同裡，全出不來了。甚至，有些品牌，不希望消費者知道保養品中含有矽靈的成分，怕壞了印象。

當大家都在討論矽靈這個成分安不安全的同時，可能未思索到廠商加入矽靈，到底要提供什麼服務？少了矽靈是否還是你能接受的洗髮精？

這情形很像吃薑母鴨，知道酒不好，吃了恐怕開車也過不了酒測，索性來個不入酒的薑母鴨，但感覺就全都不對了，你還願意吃嗎？

這個單元，跟大家談的不只是矽靈，而是「頭」與「髮」的清潔保養。只有同步搞清楚「關鍵成分的優缺」與「個人真正需求」，才能拿捏「取或捨」。

 RISING

洗髮、潤髮與護髮，意思大不相同

洗頭「皮」、潤頭「髮」、護髮則要區分為護「髮根」與護「髮絲」。使用的功能性成分，各不相同。

洗，用的是清潔劑。潤，用的是滑順劑。護，用的是滋養劑。三者交集面積不大，互相取代性更低。

清潔劑，不能殘留在髮絲或頭皮上，絕對有害無益。

滑順劑，適合留在髮絲，不宜留在頭皮。留在頭皮的傷害程度，視滑順劑的種類而定（可大可小囉）。

滋養劑，必須留在頭皮才能養毛根，小分子營養成分為宜。而只適合留在髮絲保護毛鱗片的，則是具保濕性附著力的大分子物質為佳。

洗髮潤髮護髮一次完成，使用方便、俐落迅速。但所有期待的功能表現，都要各退一步，原來忌諱的風險都要增高一些。

洗、潤、護分開，回歸專業，選擇所需，降低抱怨。

 RISING

你的洗髮、潤髮習慣都正確嗎？

很多人都了解，洗頭一定要沖乾淨，隨便沖的後果，留下清潔劑在頭皮，很快地頭皮發癢、過敏、脫皮、頭皮屑全報到。**清潔劑對皮膚是具有刺激性的，能洗不能留。**

但很多人不清楚，潤髮乳只適合潤髮絲，不宜接觸到頭皮，更別說是留在頭皮上。**潤髮成分，留在頭皮沒有好處，輕者阻塞毛孔，重者造成刺激。**

頭皮「喜歡的」是乾淨無油垢汗垢的環境，「需要的」是不影響呼吸代謝的營養成分。潤髮成分，無法為頭皮帶來幸福或希望。

潤髮成分，阻塞毛孔之輕度負擔者，矽靈成分屬之。

潤髮成分，刺激頭皮具傷害性者，陽離子型界面活性劑屬之。陽離子型界面活性劑，就是沖水時可以沖出一大堆滑感十足、帶豐富泡沫的滑順劑。也就是各個品牌都會用的潤髮乳的主要成分。這種成分，是典型的只能潤髮絲，不宜留在頭皮的成分。

要如何減少潤髮乳殘留在頭皮上？只有一個辦法，「潤髮絲」啊。很多人把潤髮乳倒在頭皮上，同時搓揉按摩頭皮與髮絲，這是不對的。頭皮不需要潤髮成分。

矽靈的問題在哪裡？

我還是要說矽靈無罪，**原本矽靈就是提供作為潤髮用的，要加入洗髮精中，作為雙效洗髮精，也是人類的喜好，難免部分殘留在頭皮上**。但是透過洗髮後的沖水動作，洗髮精中1%左右的矽靈成分（加多了成本增高，洗淨力下降），其實殘留在頭皮上的量很有限，頂多只是頭皮較不透氣，不至於造成禿頭掉髮的傷害。

如果矽靈可以掉髮與禿頭，那麼凡士林也會囉，因為它們對肌膚的安全等級是相同的。所以，除非是刻意地將矽靈或凡士林塗在頭皮上使其密不透氣，日復一日，否則要這樣的成分有掉髮、禿頭的效果，實在太勉強辦不到啦。

矽靈，只是Silicone類的一個俗稱。全世界的產業界都因為它的安全、多用途而投入更多的時間金錢研究開發，擴大它的利用範圍。**化妝品原料界，更不容忽略這個與肌膚接觸絕對安全的成分之利用**。

舉凡保養品、高品質彩妝，凡是強調安全無刺激的化妝品，都一致的選擇Silicones。無怪乎，網路傳言矽靈有問題時，有那麼多專業人士會反擊這種無厘頭的說法。

RISING

怎麼看待潤、護髮產品？

按照消費者的想法，「潤護合一」是很平常、不算奢侈的功能期待。也沒有哪位專家說過「這不可行、辦不到」，市面上標示「潤護髮乳（霜）」比標示「潤髮乳」的還多呢！

先這樣說吧，潤髮的效果必須立竿見影，護髮的效果自由心證。所以，在潤髮乳中，加入微量的維生素原B5、植物油、植物萃取液或精油等，管它是不是真的對頭髮有養護效果，都可以堂而皇之地說，添加了護髮成分。

重點是潤髮成分得沖掉，護髮成分得留著，那該怎麼用？所以，問題就來了，魚與熊掌不能兼得。把握大原則：**含陽離子型界面活性劑的潤護髮產品，「沖掉就對了」**，根本沒有考慮留不留的餘地。

若是平價的潤護髮乳，沖掉也就算了。有些高價位的護髮霜、護髮素，雖使用了相當多的護髮成分，但還是添加了高比例的陽離子型界面活性劑來利梳，並強調可以不必沖洗，留在頭髮上即可。

這種情況相當普遍，我也只能說，大環境的護髮乳配方，還有進步成熟的空間。消費大眾，還有用到更好、更進步的髮品的未來可期。

陽離子型界面活性劑雖不好，但滑順性最能滿足消費者易於梳理的期待。要不要用這樣的產品來護髮，就交給消費者自己去決定。

髮用品常用的陽離子型界面活性劑（不宜接觸頭皮者）如下：

Cetrimonium chloride、Stearal konium chloride、Dihydrogenated tallowdimethylammonium chloride、Distearyl dimethy lammonium chloride、Cetyltrimethyl ammonium chloride、Stearyl dimethylbenzyl ammonium chloride、Laural koniumchloride。

 EXPERT REMINDS

☆ 洗髮會造成頭皮癢的因素很多，但不是矽靈惹的禍。

☆ 沒有特別考量時，不論是潤髮乳或潤護髮乳，都不要刻意接觸頭皮去按摩，以確保頭皮、髮根的健康。

☆ 現階段的髮品市場有必要將護髮產品，獨立於潤髮產品使用。

HOT TOPIC

選對髮品擁有漂亮髮質？
醜小鴨變天鵝，羽毛是換新的

✳ PHENOMENON

　　有髮品公司與公關公司問我：「老師您可以講美髮產品嗎？我們有記者會的活動……」類似的被詢問經驗，十年間只有四次！截至目前為止，確實沒出席過髮品的記者會或公開活動。只因為，實在是在我的學習認知裡，看不出洗髮精或美髮品，有空間可以說：「用後髮絲會更柔順、更健康亮麗」的話。

　　即使是商業活動的邀請，仍自律嘴裡說出的每一句話，要中肯不偏離學理、對廣大媒體消費大眾，要有認知上正面的協助才行。不能達到我的發聲標準，也只能婉拒邀請。

　　在拙作科技專業書中，對髮類製品有詳細論述的章節。但一般大眾類叢

書、公開的場合、媒體文章中，還真少有機會談「頭髮問題」。這個單元，跟讀者談談「洗髮、護髮、整髮」的觀念。

RISING

髮質能經由髮品改變多少？

市面上的髮品，不論是開架銷售的洗髮精、造型蠟，或專業沙龍賣的護髮用品，都強調能讓頭髮更滑順、有彈性、有光澤、更健康。而真是如此嗎？

確實，擁有一頭質感超優的秀髮，是每個女性畢生的想望。所以，電視廣告上經過一再效果處理的長髮，總是能吸引消費者的目光。

髮質的好壞，跟個人體質與毛包營養的供給有關。**當探出頭皮的那一刻起，你就無法以後天餵食營養的方式改變它，就只能靠保養來延長它的「外表條件」。**

舉例來說明吧。冒出頭皮外的頭髮，不是新生的小牛，而是無生命力的皮鞋。要維持亮麗滑順的皮面，只要做對清潔與上蠟的保養，就可以獲得讚美。而若使用強力清潔劑，皮面就會受損。一旦疏忽上蠟的保養，皮鞋當天就黯淡無光澤。當然，只懂得抖落、擦拭皮鞋的髒污，卻極少上蠟，皮鞋的壽命也較短。所以，髮質亮麗是靠整理出來的，不理不睬自然就從沒看它漂亮過囉。

頭髮不是活的小牛，而是死的皮鞋。不需豐富的營養，需要的是正確的清潔與上蠟。

 RISING

如何選購居家用髮品？

選購產品上，清潔用的**洗髮精**，選擇重點是：**溫和不傷髮質、合宜的清潔力。美髮整髮產品，則是保濕、滑順、光澤、不黏膩**。這兩類髮品，並不需要特別的含「豐富的營養成分」。

有些高價位的洗髮精，標榜含豐富的植物萃取、胺基酸、珍貴保濕成分、活化頭皮成分等等。事實上，這些成分，沒有機會留在頭皮或頭髮上，只要一沖水就全流失了。其價值，主要還是在緩和洗髮精的過度清潔力，緩和洗髮精對頭皮的刺激。

洗髮精的選擇，「避鹼性」，頭髮的角質蛋白就不會在清潔中溶出而流失劣化太快。

洗髮精的使用，「洗頭皮」，能確實洗去頭皮油垢，清潔力才符合理想。

潤髮品、整髮品，就是打蠟用的光澤劑。只針對髮絲，不接觸頭皮。提供頭皮營養、養毛包用的活性物質，在上述產品中能免則免。加多了沒有功用，只會折損打蠟效果。

造型噴霧、亮澤噴霧、髮蠟等，都是選擇亮度滑度夠、不黏手，無揮發性溶劑（溶劑會造成頭髮角質變性）者即可。來點防曬效果也是可以接受的。

RISING

護髮可以挽救髮質嗎？

籠統地說，效果不大。具體的探討，要看「怎麼做」。

毛囊是毛髮的育成中心，毛孔是毛囊極便利的連外道路。因此，運輸作業系統上，毛孔佔了極大的便利性與機會點。但相對的，也有風險要避免。

譬如說，染燙髮時，藥劑極容易經毛孔滲入毛囊，造成毛包萎縮、掉髮、嚴重過敏、中毒等傷害。

當然，滲入毛孔內的，若是毛包需求的營養素，那效果可就比食療後轉運的方式積極快速。因此，掌握機會，**護髮的重點，就是要選對營養素，對症下藥。**

很多人誤把「整髮」當「護髮」，像是**大分子的蛋白質、玻尿酸、幾丁質等等。這些成分，充其量是吸附在髮絲上幫忙抓住水分。擦在頭皮上，滲進去毛孔也無法轉化成可利用的營養元素。**其他像是植物油、珍貴的貂油、好聽的海鳥羽毛油（其實是化學油脂）等，也都只是些增加髮絲亮澤的物質，擦在頭皮上，同樣起不了任何作用，無法利用。

如果護髮是以上述那些毛囊、頭皮無法承受的「重度營養成分」為菜單，又調製成膏霜型態的護髮霜，塗在頭髮上，加上美髮助理的一陣「花式拍打功夫」，隨即來個蒸氣浴⋯⋯、這麼豐富繁複的程序之後，充其量看到的也只是

「整髮」效果，洗一兩次頭，效果就全沒了。

其實，**將護髮素塗在頭皮按摩，比擦在髮絲上熱蒸，實際有效多了**。我所謂的「護髮素」可不是隨便稱呼的產品名稱喔。**護髮素，應該嚴謹的定義為「各種毛包需要的小分子營養物質，像是胺基酸、維生素、荷爾蒙、核酸、微量元素等」**。劑型則以安瓶非乳膏類，易於塗抹滲透入毛孔者為佳。

RISING

頭髮燙壞、染壞了，護髮多久可以回復？

頭皮就是一塊養髮的田，毛包裡埋著頭髮的種子。颱風襲擊過的稻苗，打壞受損的那一段，是沒機會復原的。頭皮上的頭髮也一樣。

心急看破的人，可以剪去這頭燙爛了的頭髮，因為鐵定是救不回來的。不捨得落髮的，就只能用整髮品來修飾門面。**護髮，就算成分對了、方法對了，護理的也是新培育出的頭髮，不是壞掉的那一段**。

所以，除非你從不染髮或燙髮，否則要保有漂亮的頭髮，**減少染燙過程的髮絲傷害，絕對比事後的洗護整重要**。

而當你遇到一位不停強調「染燙後要積極護髮」，老是問「你的頭髮是不是都沒在保養，髮質才這麼差」的美髮師。其實，你會知道這位美髮師所知有限，他只是在慫恿你購買護髮課程。遇到這種情況，請理智的回想這個單元的內容後，再做進一步消費吧。

EXPERT REMINDS

☆ 漂亮髮質的標準是雙重的：第一，天生好髮質。第二；後天勤整理。沒有好髮質，除了勤整理，還要少傷害。

☆ 想要擁有好髮質，別老是往頭髮抹油、擦保濕劑。那都不是毛包能消化的養分。多用胺基酸、小分子營養素，養護效果比較好些。

☆ 護髮，是養髮根，不加熱，將營養素擦在頭皮上按摩即可。熱，只會破壞營養素。

附錄

化妝品達人LESSON 1
品牌沒有告訴你的事

還有哪些你關心的事，
品牌忘了說？

保養品的冷藏注意事項

張老師部落格精采摘錄

這兩年，我一直在推廣「高機能保養品」最好5～10℃（**冰箱下層**）冷藏的概念。舉例時，幾乎都用**維他命C與其衍生物。主要是因為這些物質變質、活性降解的情況，從「顏色」透過眼睛觀察得到。**

眼見為信吧！這樣才能清楚的告訴讀者，也讓讀者印象深刻，「低溫保存」跟「常溫或偏高溫保存」的差異是很大的。

個人倒是很推崇現代的保養品專用小冰箱（放心啦，我這輩子不會去賣冰箱，也不會受冰箱業者委託推廣，跟商業無關！）可以安心地把太大罐的保養品分裝一些出來用，剩的繼續冷藏保存，也可以把特價或者買二送一等特別情況的「過剩戰利品」有個好的保存區。

放冰箱的概念是延長**「活性、新鮮度」，讓擦在臉上的保養品，都跟剛買回來的品質相近似。如果不冷藏，那麼買兩瓶回來，一瓶一月份打開用，到了七月才打開第二瓶接力。那第二瓶的活性價值，其實已經跟第一瓶剛開的時候相去甚遠了。**

記住，**冰箱拿出來的保養品，就用到完了**。不要反覆取用（每天不停的進進出出冰箱），這反而會讓產品不安定，也不是方便的使用方式。

冷藏，是追求高品質保養的一種自我品質確保的概念。就像大家都要吃媽媽現煮的菜一樣。絕對沒有人喜歡一次煎好三條魚，然後分三天來吃一樣。（想當初，不是同時從市場買回來的嗎？）

有人問到：每一種都得冰嗎？

沐浴乳、護手霜，當然不用！因為沒那麼高的價值成分可以「壞掉」。我強調的是「高機能、高活性」，也就是強調效果很好，好到不行的產品，都得冰起來。

有人問到：品牌說他們的不用冰？

如果說要冰，誰買啊？好像表示，他們的東西比較容易壞似的。品牌當然要告訴你，有些品項冰了反而會變質，常溫保存就好。

有人問到：每次用完就再冰回去好不好？

　　我只鼓勵未開封使用的冷藏，不建議使用中的保養品天天頻繁進出冰箱。取拿保養品的使用時間，恐怕比倒杯鮮奶就放回去的時間久多了，一瓶保養品開封到用完，速度不比喝完一瓶鮮乳快。所以，進出太過多次反而無法保鮮。

有人問到：保養品換季，能不能貯存在冰箱？

　　當然。保存前得確實做好清潔消毒的工作。先用面紙或棉花沾取**75**％酒精，將瓶口、瓶蓋確實擦過。鎖緊瓶蓋後，瓶身等手接觸過的地方全部都要用酒精擦過。用保鮮膜先封住瓶口處，再一次將整瓶保養品封起來。用油性筆或標籤註記清楚貯存年月日、產品名稱等，放在冷藏室冷藏。

玻尿酸到底好在哪裡？

張老師部落格精采摘錄

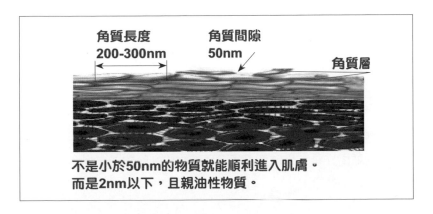

角質長度 200-300nm　角質間隙 50nm　角質層

不是小於50nm的物質就能順利進入肌膚。
而是2nm以下，且親油性物質。

　　玻尿酸在台灣的保養市場被吹捧到可以創造大流行，實在令專業人們大感意外。確實，你可以看到所有的品牌，都「盡量配合」添加坡尿酸，甚至連洗面乳、沐浴乳、卸妝乳等等，都聲稱添加玻尿酸來保濕。

　　加了玻尿酸是為了要保濕沒有錯，但如果**加的很少，保濕效果也是有限**。如果**加的地方不對**（像是洗面乳、卸妝乳，都要洗掉的），**那加的很多，也完全發揮不了保濕作用**。又如果使用在保養上的**順序不對，那也會折損其他保養**

成分的效能呢。

專業人說：「玻尿酸分子很大，無法被皮膚「『吸收』」。這種說法太含蓄，還是很多人弄不清楚。更明確的說是：「**玻尿酸無法跟皮膚『發生關係』**，它只能藉著小分子的保濕成分當錨釘，幫忙**釘在角質縫細**，使**不易脫落**而已。」當然，只要不脫落下來，玻尿酸網住的水分，自然就能讓角質覺得濕潤些。

玻尿酸的價值就是「純保濕」，如果目的就是保濕，那選擇玻尿酸就非常符合所需。

而什麼時候你只需要純保濕呢？

1. 局部乾燥脫皮的油性肌膚者，純保濕，可以解決改善問題。
2. 打了雷射或脈衝光後、果酸換膚後，這時候皮膚最需要高含水的環境，使用玻尿酸，可以解決問題。

而如果你的皮膚需要更多營養成分來改善時，也許你要擦上維生素類、抗氧化類、美白類、除皺類等等其他目的的機能性成分，那這時候，還覺得含玻尿酸很重要，或一定得含高濃度玻尿酸就不對了。

因為濃度越高，角質縫細「卡位」的大分子越多，小分子要鑽進去角質縫

細，就會有很多障礙物擋住通道。

所以，選擇高濃度玻尿酸的抗老晚霜，跟選擇不含或含極少玻尿酸的抗老晚霜。其意義差別是：前者比較保濕，立即滿意度較高。後者使用一段相同時日後，改善膚質情況會較明確，但立即保濕較弱。

其實，這不是二選一的選擇題，選擇到底保濕重要？還是膚質改善重要？而是告訴你，有保濕之外的需求成分先擦，保濕後擦，這樣不就兩全其美了！

擦了防曬品、隔離霜，需不需要卸妝？

張老師部落格精采摘錄

這個問題似乎都有兩派說法。大多數的品牌會說「要」，但也有品牌強調他們的產品「不用」。

學生課堂上也質疑過：「為什麼每個專家說的都不一樣？連專家看法都不同了，消費者聽誰的？」學生問的理直氣壯，老師氣得快心肌梗塞。好個專家都不一樣，Who knows！說道理吧，看哪一種說法合乎常理。

肌膚清潔的要點～是洗掉臉上的負擔，不創造新的問題。所以，如果反覆地用洗面乳洗了三次（有讀者這麼做），仍無法洗去臉上隔離霜的附著感。那就表示：光用洗面乳，不只沒洗掉臉上的負擔，還創造了新的肌膚問題——緊繃乾燥。

因此，這位讀者用的隔離霜，是「必須」用卸妝油等卸妝力佳的產品來協助清潔掉防曬品與隔離霜的。

請注意！這個讀者的洗面乳，無法洗掉自己用的隔離霜，不等於你的洗面乳，不能去除你的隔離霜或防曬品喔！

有人看到產品上寫著「防水、防汗、防流失」等說明，認為這就是必須卸妝的意思。品牌小姐也是這樣好心的教導消費者的。

有必須確實清潔卸妝的概念很好，但你還可以更確實一點，**把產品擦在手臂上，等乾了，用水沖個三十秒，看看是否真的那麼抗水**（抗水性強者，成一滴滴水珠跳在塗抹產品之上，而不是像水膜般平滑貼在產品之上）。

接著用自己的洗面乳，依平常的習慣用法洗洗看，是否無法去除防水膜。要是真的洗不到，那就是得另外用卸妝幫忙了。

而如果水就可以讓擦在皮膚上的隔離霜洗光光，那又何必卸妝多此一舉呢！

深層敷臉，
黑頭粉刺不來擾？

張老師部落格精采摘錄

黑頭粉刺是大家常掛在嘴邊的煩惱！保養品中有許多訴求「深層清潔」的洗面乳、敷面泥、粉刺面膜等產品，都強調可以去除「黑頭粉刺」。

而其實黑頭粉刺是無法被保養品清除掉的。我們常說的「草莓鼻」、用貼布拔出的「粉刺」，**其實都只是毛孔口的固化皮脂，毛孔髒黑短暫阻塞的現象而已。**

保養品能清潔的，就是這一類的毛孔污垢。確實規律的清潔掉這些污垢，毛孔乾淨，看來也會比較細緻亮透。

但真的遇到黑頭粉刺，其實是得去看醫師的，**黑頭粉刺無法用敷臉、粉刺貼布、粉刺夾等工具清潔出來**。所以，別誤以為自己鼻頭上的油膩黑點，都是黑頭粉刺。更重要的是真有黑頭粉刺時，別以為保養品的清潔敷臉方式可以解決問題。

換個方式說，如果黑頭粉刺沒有惡化成白頭粉刺或發炎性面皰，清潔敷臉、粉刺貼布，還是可以用的。但是概念要正確，深層清潔的意義是在清潔毛孔，預防油脂固化堆積（勉強可說是預防黑頭粉刺），但絕沒有治療或去除黑頭粉刺的效用。

還有哪些你關心的事，品牌忘了說？

快速改善面皰與
敏感問題的保養品？

張老師部落格精采摘錄

　　2007年8月初的瑪迪芙（Motif）粉刺水，疑似
含有抗生素類固醇事件，再度引起消費大眾的
震怒與恐慌。這件事在「中國時報」頭版頭條
新聞裡，已刊登了部分我的看法。媒體比較關心
的是長久使用含有抗生素或類固醇的保養品，會有
什麼不良後遺症。礙於新聞版面，記者會取重點登
載，但重點剩下「小心長期使用變成蜘蛛臉」。

　　這當然不等於我在電話中受採訪半個小時的總結論。沒出事的品牌，基於
同業也不好多說什麼，於是就會放任這樣的訊息流傳下去，讓用過的人心裡埋
藏著不安的陰影。

記者問到：擦抗生素或類固醇，最嚴重的情形是什麼？

目前可查的資料裡，**粉刺若以外塗擦「抗生素」的方式治療，時間連續達兩年以上，將增進皮膚上葡萄球菌之抗藥性。**
這種情況的抗生素有紅絲菌素(Erythromycin)、氯林絲菌素(Clindamycin)、Fusidic acid、Trimethoprim、Chloramphenicol等。

「**類固醇**」則是對過敏引起的紅、腫、熱、痛之症狀消除特別有效。但**過度使會降低皮膚通透性，也會使角質增厚。塗擦處皮膚萎縮或產生類固醇紫班、類固醇潮紅、色素異常等現象。**

記者問到：什麼情況下，化妝品會偷加抗生素、類固醇？

偷加的意思，就是合法情形下不能加。要冒險偷加，必然有其特別效能，是沒加時無法達的。**抗生素對炎性面皰的滅菌效用佳，效果快速，面皰肌專用保養品才有這方面的顧慮。**類固醇對敏感性肌膚的過敏症狀消除特別有效，敏感肌專用或鎮靜安撫效用奇佳的保養品，要特別留意。

記者問到：正常情形下，抗生素、類固醇怎麼使用？

在皮膚科用藥裡，對不同痤瘡問題會給予適當的抗生素與類固醇，是經過

診斷後給藥的。而若在不知情未告知的情況下，把含有抗生素或類固醇的產品當成粉刺肌膚專用的神仙水，全臉塗擦或長期使用，那問題就大了。因為，一般人不會把藥膏全臉塗擦，但會把保養品擦全臉呢！

記者問到：已經用了疑似含抗生素、類固醇的Motif的人，怎麼辦？

恐慌倒是不必要，只要不再繼續使用，皮膚還是會慢慢更新代謝。此外，對化妝品功效的認知，也許要更清楚一些才不會犯同樣的錯。

化妝品原本就不被賦予療效，所以，一款可以過於速效的解決面皰肌或敏感肌困擾的保養品，抱持謹慎的態度、適當的懷疑心看待是對的。

爭議不斷的卸妝油？

（張老師部落格精采摘錄）

爭議不斷的卸妝油？

2006年11月，一起DIY卸妝油使用過敏事件，逼得牛爾先生開記者會將現場配製的卸妝油往自己眼裡滴入，以求自清。

2007年1月，由皮膚科醫師寫的熱賣書，書中大加撻伐卸妝油用了會使面皰肌膚更加惡化，引起曾經使用卸妝油出問題的族群很大的共鳴，也造成很多人對卸妝油敬而遠之。

到底卸妝油安不安全？如果我一直說要看配方（成分組成）才知道，那麼一般消費大眾，可能會覺得既然有風險，又無法判斷，那不要用就對了。

除非你沒有卸妝的需求，不用卸妝品，否則選擇不用卸妝油，並不表示你比較聰明或比別人有危機意識。

針對這兩起事例，品牌是不會發聲的。讀者恐怕也是霧裡看花，「不安

全」的話，怎敢往自己眼裡滴？「安全」的話，皮膚科醫師為何碰到那麼多的面皰惡化的案例？

而其實這兩起事件，都有讀者必須細探了解的癥結。我希望藉由事件真相的釐清，幫助讀者了解正確無擔憂的使用卸妝油。

將卸妝油往眼裡點入，這個動作無法表達卸妝油對皮膚的安全性（牛爾這麼做，是因為事件訴求是卸妝油造成眼部灼傷！）卸妝油因為可以遇水乳化，所以必須加入界面活性劑。界面活性劑加的多，遇水乳化效果好，洗後的油脂殘留較少，但不小心滲入眼睛的刺激不適感相對增高。

拿市面上的卸妝油來做24小時皮膚貼布試驗，不必懷疑，十之八九會引起皮膚過敏不適。因為裡頭的界面活性劑濃度偏高（5～15％），透過油脂強迫滲入皮膚，一定是會過敏的。

但是卸妝是幾分鐘內完成的任務，就像洗碗一樣，拿洗碗精做貼布試驗，過敏情況肯定比卸妝油嚴重多了，但是洗碗是短時間完成的工作，不會恐慌到不敢用洗碗精洗碗吧！用洗面乳做貼布試驗，過敏情況也會比卸妝油更甚！

關鍵問題在：真的有人用卸妝油會過敏。（這情況就跟富貴手的人一樣，真的無法用洗碗精洗碗，得選擇黃豆粉）。這樣的特殊膚質者，必須想辦法尋找對個人更安全的產品。但這不等於正常一般肌膚者，無法順利安全的使用！

另一起是：**卸妝油造成面皰肌的問題，除了跟用的是哪一個品牌的卸妝油有關之外，用出問題的關鍵還在「用法」與「用者的膚況」。**

關於「用法」，一直以來我都會強調「產品要選對」，再來談用法才有意義。但很多情況是，大家「沒能力」選對產品，用法又出錯，結果就帶出一大堆自己煩惱、專家各說各話的爭辯場面。

所以，現在得反過來先談「用法」，免得產品已經不安全了，又加上錯誤用法，讓情況更糟。

卸妝，是要幫助帶浮出臉上的粉底、睫毛膏、口紅等強力附著（不易用洗面乳洗掉）的彩妝。**其使用重點是「接觸時間」要合理的長，用手輕按摩推勻。**一般停留臉上一二分鐘，然後先用半濕的毛巾或洗臉海綿把眼部、唇部的卸妝油擦掉，再做撥水乳化洗掉的動作。隨後得用洗面乳把臉與殘餘的卸妝油洗乾淨。

一般用出皮膚惡化的人，問題出在「輕按摩」的動作太大（弄紅了臉的卸妝是不對的），**徹底「再清潔」的動作不確實。**簡單的說，把不該留的卸妝油留在皮膚上，甚至因為按摩力道大、卸妝時間過久，反而把卸妝油往毛孔裡頭推而留在毛孔裡過夜了。這種沒清乾淨的狀況，就跟刻意拿卸妝油做皮膚貼布試驗一樣，一定是會過敏的呀！

好的東西，要懂得怎麼用才有價值。這道理再簡單不過，給你一個名牌皮包，你不會因為它髒了，丟進洗衣機用洗衣精與水來洗吧！不會照顧皮包，那就用布包。

使用卸妝油，是因為它能更有效卸妝，但是配套要作對。而不會使用卸妝油，是不是就改用別種卸妝品比較保險？這恐怕沒你想的那麼簡單。

因為卸妝的原動力就是「油」，改成卸妝霜、卸妝乳，因為油脂含量較低，所以要花更長的時間與皮膚接觸。而如果還是太用力去按摩肌膚，衍生的問題其實是相似的。

國家圖書館預行編目資料

化妝品達人LESSON1：品牌沒有告訴你的事
／張麗卿著. -- 初版. -- 臺北市：寶瓶文化，
2007.10
　　面； 公分. --(enjoy；29)

ISBN 978-986-6745-07-2(平裝)
1.化粧品　2.皮膚美容學
424.4　　　　　　　　　　　96018289

enjoy 029

化妝品達人LESSON1 ──品牌沒有告訴你的事

作者／張麗卿

發行人／張寶琴
社長兼總編輯／朱亞君
主編／張純玲
編輯／羅時清
外文主編／簡伊玲
美術主編／林慧雯
校對／張純玲・陳佩伶・余素維
業務經理／盧金城　企劃副理／蘇靜玲
財務主任／歐素琪　業務助理／林裕翔
出版者／寶瓶文化事業有限公司
地址／台北市110信義區基隆路一段180號8樓
電話／(02)27494988　傳真／(02)27495072
郵政劃撥／19446403　寶瓶文化事業有限公司
印刷廠／世和印製企業有限公司
總經銷／大和書報圖書股份有限公司　電話／(02)89902588
地址／台北縣五股工業區五工五路2號　傳真／(02)22997900
E-mail／aquarius@udngroup.com
版權所有・翻印必究
法律顧問／理律法律事務所陳長文律師、蔣大中律師
如有破損或裝訂錯誤，請寄回本公司更換
著作完成日期／二〇〇七年七月
初版一刷日期／二〇〇七年十月
初版四刷日期／二〇一〇年十二月二十四日
ISBN／978-986-6745-07-2
定價／三〇〇元

愛書人卡

感謝您熱心的為我們填寫，
對您的意見，我們會認真的加以參考，
希望寶瓶文化推出的每一本書，都能得到您的肯定與永遠的支持。

系列：E029　書名：化妝品達人LESSON1 ——品牌沒有告訴你的事

1. 姓名：_____　性別：□男　□女

2. 生日：_____年_____月_____日

3. 教育程度：□大學以上　□大學　□專科　□高中、高職　□高中職以下

4. 職業：_____

5. 聯絡地址：_____

　　聯絡電話：(日)_____　(夜)_____

　　　　　　(手機)_____

6. E-mail信箱：_____

7. 購買日期：_____年_____月_____日

8. 您得知本書的管道：□報紙／雜誌　□電視／電台　□親友介紹　□逛書店　□網路

　　□傳單／海報　□廣告　□其他

9. 您在哪裡買到本書：□書店，店名_____　□劃撥　□現場活動　□贈書

　　□網路購書，網站名稱：_____　　□其他_____

10. 對本書的建議：(請填代號　1. 滿意　2. 尚可　3. 再改進，請提供意見)

　　內容：_____

　　封面：_____

　　編排：_____

　　其他：_____

　　綜合意見：_____

11. 希望我們未來出版哪一類的書籍：_____

讓文字與書寫的聲音大鳴大放

寶瓶文化事業有限公司